学术研究专著·材料科学与工程

碳/碳复合材料抗氧化水热改性技术研究

曹丽云　黄剑锋　罗晓敏　著

U0382011

西北工业大学出版社

西　安

【内容简介】 本书全面、系统地介绍了 C/C 复合材料的基础知识、C/C 复合材料氧化的基础理论及硼化物、硼酸盐、磷酸盐体系水热改性 C/C 复合材料的制备、表征,并对改性后材料的性能进行了综合性的评价。

本书可作为高等院校材料科学与工程专业本科生、硕士生及博士生相关课程的教材,也可作为从事材料科学研究的科技人员、企业的相关从业人员的参考书。

图书在版编目(CIP)数据

碳/碳复合材料抗氧化水热改性技术研究/曹丽云等著. —西安:西北工业大学出版社,2018.12
ISBN 978 - 7 - 5612 - 6353 - 2

Ⅰ.①碳… Ⅱ.①曹… Ⅲ.①碳/碳复合材料—抗氧化剂—水热法—改性—研究 Ⅳ.①TB333.2

中国版本图书馆 CIP 数据核字(2018)第 275778 号

TAN/TAN FUHE CAILIAO KANGYANGHUA SHUIRE GAIXING JISHU YANJIU

碳／碳复合材料抗氧化水热改性技术研究

责任编辑:胡莉巾		策划编辑:雷 军	
责任校对:朱晓娟		装帧设计:董小伟	

出版发行:西北工业大学出版社
通信地址:西安市友谊西路 127 号   邮编:710072
电　　话:(029)88491757,88493844
网　　址:www.nwpup.com
印 刷 者:兴平市博闻印务有限公司
开　　本:787 mm×1 092 mm　　1/16
印　　张:9.5
字　　数:225 千字
版　　次:2018 年 12 月第 1 版　　2018 年 12 月第 1 次印刷
定　　价:48.00 元

前　言

高性能 C/C 复合材料（碳/碳复合材料）具有质量轻、热导率高、热膨胀系数小、抗烧蚀和抗热震性能好等突出特点，在航空、航天、核能及许多民用工业领域受到极大关注，成为唯一可用于温度达 2 800 ℃环境的高温复合材料，近十几年来得到迅速发展和广泛应用。防氧化是 C/C 复合材料在高温有氧气氛下应用的前提条件。为了提高 C/C 复合材料在全温段的抗氧化性能，对 C/C 复合材料进行基体改性，提高其抗氧化性能是一种很有效的方法。本书介绍利用水（溶剂）热、微波水热等技术改性 C/C 复合材料，以提升其抗氧化性能。

本书系统地总结了陕西科技大学陕西省陶瓷材料绿色制造与新型功能化应用创新团队（以下简称为"本团队"）在 C/C 复合材料抗氧化水热改性方面近几年的研究成果。采用水（溶剂）热、微波水热等技术对 C/C 复合材料基体进行改性，利用水（溶剂）热、微波水热过程中形成的高温、高压超临界环境下流体很强的渗透能力，在一定温度和压力下，将液相中的氧化抑制剂粒子通过扩散、溶解和反应等物理化学作用运送到基体内部，填充基体的孔隙，阻止氧与碳基体反应，使整个 C/C 复合材料在低温下的抗氧化性能大幅度提高，且几乎对材料的力学性能没有影响。

本书全面系统地介绍 C/C 复合材料的基础知识、C/C 复合材料氧化的基础理论及硼化物、硼酸盐、磷酸盐体系水热改性 C/C 复合材料的制备、表征，并对改性后材料的性能进行综合性的评价，为从事相关领域研究的科研工作者提供参考。

本书主要内容由曹丽云教授撰写，黄剑锋教授及研究生罗晓敏分别参与了内容设计及研究，以及大量图表、文字的整理工作。在这里，特别感谢为本书撰写提供较大帮助的已毕业的王妮娜硕士、朱佳硕士、黄毅成硕士、弥群硕士，同时也对本书所引用的参考资料的作者表示由衷的感谢！

鉴于 C/C 复合材料的抗氧化技术所涉及的内容广泛，其发展也是日新月异，本书仅总结本团队近几年在水热改性方面的研究成果及其相关内容。

由于水平有限，书中难免有疏漏、不妥之处，恳请广大读者指教，在此表示诚挚的谢意。

曹丽云

于陕西科技大学

2018 年 8 月

目　　录

第1章
绪　　论

1.1　C/C复合材料简介

1.1.1　C/C复合材料的诞生及其发展状况

C/C复合材料是20世纪60年代后期发展起来的一种新型高温结构材料,它是由碳纤维和碳基体组成的多相材料。C/C复合材料的发现来自一次偶然的实验。1958年美国CHANCE-VOUGHT航空公司实验室为了测定碳纤维增强酚醛树脂基复合材料中的碳纤维含量进行实验,由于实验过程中的失误,聚合物基体没有被氧化,反而被热解,意外得到了碳基体。该公司通过对碳化后的材料进行分析,并与美国联合碳化物公司共同经过了多次实验后发现,得到的碳纤维增强碳基体复合材料具有一系列优异的物理和高温性能,是一种新型结构复合材料。C/C复合材料的碳基体可以是热解碳、树脂碳或沥青碳等,它的最大特点是由单一的碳元素组成。它不仅具有碳及石墨材料优异的耐烧蚀性能、良好的高温强度和低密度,而且由于有了碳纤维的增强,在一定程度上对碳材料的脆性、裂纹的敏感性以及热解石墨的明显各向异性、易于分层等弱点进行了改善,大大提高了碳材料的力学性能。常温下,C/C复合材料的比强度、比模量均优于其他热结构材料。更重要的是,C/C复合材料的强度随着温度的升高不仅不降低,反而比室温的强度还高,这是其他结构材料所无法比拟的。此外,C/C复合材料还具有热膨胀系数低、耐热冲击、耐腐蚀、耐摩擦等一系列优异性能。

由于受C/C复合材料的致密化工艺和高温抗氧化技术的限制,C/C复合材料在起初的10年间发展较为缓慢。在20世纪60年代中期到70年代末期,现代空间技术的发展以及载人宇宙飞船开发等,对空间运载火箭发动机喷管及喉衬材料的高温强度提出了更高要求,这对C/C复合材料技术的发展起到了有力的推动作用。C/C复合材料的发展大致经历了以下四个阶段。

第一阶段:制备工艺基础研究。1958年开始探索C/C复合材料制备技术,相继出现由化学气相沉积工艺及液相浸渍树脂与沥青工艺制备出C/C复合材料的工艺,其发展与碳纤维的发展息息相关,其基础和条件由最初的黏胶基碳纤维发展到沥青基碳纤维和聚丙烯腈碳纤维并产业化,性能提高和价格降低,带动了C/C复合材料的发展。

第二阶段:烧蚀C/C应用开发阶段。自20世纪60年代中期到70年代初期是C/C复合材料的开始应用阶段。在此阶段对C/C复合材料的纤维、碳基体和复合工艺都继续进行了大量的研究工作,并研制出三维立体编织等具有代表性的 C/C 复合材料。1971 年有人展示出了第一个"协和"号 C/C 复合材料刹车盘。C/C 复合材料随后被广泛用于航天飞机、载人飞船的鼻锥和刹车盘、导弹端前帽、固体火箭发动机喉衬等航天航空领域。

第三阶段:热结构 C/C 复合材料开发应用阶段。随着 C/C 复合材料的氧化防护研究的深入发展,首先在短时间重复使用的抗氧化 C/C 复合材料方面取得技术突破。1981 年在美国航天飞机上采用抗氧化 C/C 复合材料,表面涂层为 SiC+玻璃密封层,用于鼻锥帽和机翼前缘,证明了其应用是成熟的。随后,1988 年苏联"暴风雪"号航天飞机也使用同类的抗氧化 C/C+SiC+MoSi$_2$ 制造鼻锥帽和机翼前缘,并获得成功。

第四阶段:C/C 复合材料新工艺开发应用阶段。随着高性能燃气涡轮发动机和航天飞机多次重复使用长寿命热结构 C/C 复合材料的需求和民用高温炉发热体的发展需求,美国在 20 世纪 80 年代初研制抗氧化 C/C 复合材料涡轮(盘与叶片)的基础上,开始研制在 1 649 ℃下不用冷却的 C/C 复合材料整体涡轮。1993 年,美国 GE 公司在 JGD 试验机上进行了地面超速试验,试验温度为 1 760 ℃。德国将 C/C 复合材料用于制造涡轮转子外环。法国幻影 2000 飞机发动机将 C/C 复合材料用于喷嘴、鱼鳞片、喷油杆等零件,且已通过地面试验。人们普遍认为未来发展的方向是将 C/C 复合材料用于新一代高推重比航空发动机的关键部件。

1.1.2 C/C 复合材料的性能

C/C 复合材料由碳纤维和碳基体两大部分组成,整个材料都是由碳元素组成的。由于碳原子独特的电子结构,C/C 复合材料具有碳材料所特有的性能。

(1) 密度小。石墨纤维的密度为 1.75～1.95 g/cm^3,碳纤维的密度为 1.60～1.75 g/cm^3,由它们而制得的 C/C 复合材料的密度为 1.45～2.05 g/cm^3,它们的密度不到钢的 1/4。从这个意义上已预示了碳纤维在工程的广阔应用前景。综观多种新兴的复合材料(如高分子复合材料、金属基复合材料、陶瓷基复合材料)的优异性能,不少人预料,人类在材料应用上正从钢铁时代进入到一个复合材料广泛应用的时代。

(2) 热导率高。随着石墨化程度的增强,C/C 复合材料的热导率也会相应地提高。复合材料制造过程中的冲击、浸渍会使得 C/C 复合材料的密度增大,而石墨化及碳化又使得石墨微晶相应增多,同时石墨化过程有利于锥形边界、位错、交联键等缺陷的减少,有利于紊乱层平面的排列,使其晶体排列更加完整,因而造成 C/C 复合材料的热导率较高(一般为 2～50 W/(m·K))。

(3)热膨胀系数小。多晶碳石墨的膨胀系数主要取决于晶体取向度,此外还受孔隙度和裂纹的影响,且 C/C 复合材料的热膨胀系数较小,随石墨化程度提高而降低。热膨胀系数小使 C/C 复合材料结构在温度变化时尺寸稳定性好,抗热应力性能好。C/C 复合材料的热膨胀系数一般为 $(0.5～1.5)×10^{-6}$/℃,随温度而变化。

(4)抗烧蚀性能好。抗烧蚀性能是表征导弹、卫星、飞船等空间飞行器使用材料的指标。C/C 复合材料是一种升华-辐射型烧蚀材料,具有较高的烧蚀热、较大的热辐射系数及较高的表面温度,在材料质量消耗时吸收的热量大,向周围辐射的热流也大,具有很好的抗烧蚀性能。

(5)抗热震性能好。抗热震性能是考核 C/C 复合材料使用性能和控制材料石墨化度的重要数据。衡量抗热震性能可以参照陶瓷材料抗热应力系数进行比较。C/C 复合材料的抗热应力系数 TSR(Thermal Stress Resistance)大,适应热应力环境的能力比较强,抗热震性能好。

(6)摩擦和抗磨损性能好。C/C 复合材料之所以能够成功替代传统的金属基复合材料,除因为它具有优良的高温强度、密度小、热膨胀系数小和较好的抗腐蚀性能外,还因为它具有优良的抗磨损能力和摩擦性能。C/C 复合材料在干空气中的滑动摩擦因数一般为 0.3~0.6,由于热解碳的层间模量相对较低,在摩擦过程中会形成自身润滑膜,从而自身抗磨损能力提高,摩擦因数降低。

1.1.3 C/C 复合材料在不同领域的应用

鉴于这些特点,C/C 复合材料在航空、航天、核能及许多民用工业领域受到极大关注,成为唯一可用于温度达 2 800 ℃ 环境的高温复合材料,近十几年来得到迅速发展和广泛应用。

(1)军事、航空航天领域。C/C 复合材料的组成元素只有碳元素,因而它具有碳和石墨的优点,如密度小(理论密度 2.0 g/cm³)和优异的热性能,即高的导热性、低的热膨胀系数以及对热冲击不敏感等特性。作为新型结构材料,C/C 复合材料还具有如前面所述的优异的力学性能,尤其是这种材料随着温度升高,其强度不但不降低,反而比室温的强度还高,这是其他材料无法比拟的独特性能。因此,C/C 复合材料作为唯一可用于温度达 2 800 ℃ 环境的高温复合材料,被广泛应用于航空、航天等国防和民用领域,拥有不可取代的地位。

C/C 复合材料的发展与航空航天技术以及军事技术发展所提出的要求密切相关。C/C 复合材料在航天方面主要用作烧蚀材料和热结构材料。其中最主要的用途是用于制造洲际导弹头和鼻锥帽、固体火箭喷管和航天飞机的鼻锥帽和机翼前缘。导弹鼻锥帽采用烧蚀型 C/C 复合材料,要求质量轻、高温强度高、抗烧蚀、抗侵蚀、抗热震性好等性能,以使导弹弹头再入大气层时免遭损毁。航天飞机从距地 120 km 的高空以 25 Ma 的速度再入大气层时,从再入到着陆的全过程,航天飞机表面要经受大约 15 min 的气动加热,机身的头部和机翼的前缘是受热最严重的部位,最高温度能达到 1 600 ℃。目前世界各国都将抗氧化 C/C 复合材料作为航天飞机鼻锥帽和机翼前缘的首选材料。热结构 C/C 复合材料还可能用于未来航天飞机的方向舵、减速板、副翼和机身挡遮板等。这种防热-结构一体化的设计如果实现,将会大大节约飞机的结构质量:普通副翼减重 1 134 kg,单面副翼减重 2 268 kg。在军事上对 1 650 ℃ 以上结构材料需求最迫切的应用目标是推重比大于 10 的航空发动机部件,美欧等发达国家把发展高推重比的发动机作为继续保持空中优势的战略决策。如 20 世纪 80 年代末,美国制定了高温材料发展计划,该计划构筑了接替现有高温合金的一系列高温材料及其在航空发动机中的使用部位,这些材料包括金属间化合物、陶瓷基复合材料和 C/C 复合材料。其中将抗氧化 C/C 复合材料作为高温长时间使用的热结构材料运用于航空发动机热端部件,正是目前研究和发展的重要方向之一。美国 MK 等型号导弹上采用 C/C 复合材料制鼻锥帽,保证了在烧蚀/侵蚀偶合条件作用下,外形保持稳定变化的特点,有效地提高武器的命中率和命中精度。固体火箭发动机喷管最早采用的是 C/C 复合材料喉衬,现在研制出的编织型整体 C/C 复合材料喷管,是一种优良的抗烧蚀材料,除具有上述性能要求外,还耐粒子和气流的冲刷。烧蚀型 C/C 复合材料结构通常只使用一次,高温下工作时间很短。非烧蚀型的抗氧化 C/C 复合材料即热结构 C/C 复合材料制造的航天飞机的鼻锥帽和机翼前缘可以重复使用,此外它还用作航天飞机和空天飞机的方向舵和减速板、副翼、机身挡遮板等。

在制动器方面 C/C 复合材料主要是被用作刹车片。从宏观上分析,C/C 复合材料刹车片的优越之处主要源于其本身密度小,耐高温的特点。由于其密度小,使用 C/C 复合材料盘后可以使每架飞机的质量大大减轻,如空中客车 A310 减重 499 kg,A300 - 600 减重 590 kg,A330 及 A340 减重 998 kg,麦道公司的 MD - 11 减重 900 kg。仅由于改用 C/C 复合材料刹车片就可使每架飞机减重如此之多,已足以说明其诱人之处。不仅如此,其优异的高温性能也十分引人注目。一架飞机刹车摩擦引起的温升高达 500 ℃以上,尤其是最苛刻的起飞紧急刹车引起的温升超过 1 000 ℃,一架波音 747 - 400 的刹车系统在起飞中紧急刹车时,一些刹车元件将达到熔点。此时 C/C 复合材料的耐高温性能就显示了极大的优越性,20 世纪 70 年代即已广泛用于高速军用飞机和大型超声速民用客机。飞机使用 C/C 复合材料刹车片后,其刹车系统比常规钢刹车装置减重 680 kg,减重率超过 40%,而且耐磨,操作平稳,起飞遇到紧急情况时,可以及时刹车承受摩擦产生的高温,不至于像钢刹车在达到 600 ℃时制动效果急剧下降。着陆次数由 300 次增至 1 500~2 000 次,中断载荷由 2.5×10^6 J/kg 提高至 3.5×10^6 J/kg。

根据需要,C/C 复合材料还可用于陆地机车、高速火车、赛车、大型载荷汽车等。考虑到陆地机车的速度比飞机着陆速度低,可以用碳毡为坯体,环己烷为前驱体,用电热解 CLVD 法制备低成本 C/C 复合材料刹车片材料。

现介绍 C/C 复合材料在先进发动机方面的应用。航空事业的发展,对航空发动机推重比有越来越高的要求,而提高新型发动机推重比的关键是提高热效率,其实现办法是提高空气压缩比和涡轮进气温度。从压气机增压比和涡轮进气温度与发动机热效率的关系可以看出,涡轮进气温度和空气压缩比对发动机热效率的影响很大。因此,航空涡轮发动机和工业涡轮发动机涡轮进气温度将会有更大的提高,这就对发动机热端部件的材料提出了越来越高的要求。能够在 1 600~2 000 ℃高温下正常工作的材料只有 C/C 复合材料,同时,它还具有以下特殊功能:①在 1 600 ℃以上仍能保持强度不降低;②减轻发动机质量,提高推重比;③减少冷空气消耗,提高发动机效率;④提高工作温度,提高发动机的热效率。

C/C 复合材料作为新一代高温结构材料的应用前景,主要取决于突破 1 800 ℃以上防氧化和降低成本的高效 CVI 致密化工艺技术,这奠定了其在超高温结构材料中的地位,使其广泛用于先进航空(高推动比)发动机热端部件成为现实。

(2)民用工业领域。随着时代的进步和科学技术的发展,在民用工业领域中也不断出现了 C/C 复合材料的身影。其在一些公共基础设施、汽车工业、电子信息以及体育器材当中都已经开始有所应用。

在一些公共基础设施中,比如在桥梁、输油输水管道等中,都已经开始尝试将 C/C 复合材料作为重要组成部分,如通过利用它制作的板材对桥梁路面结构进行加固。由它制成的板材具有质量轻、机械强度高、耐化学腐蚀等特性,以及抗疲劳性能和抗蠕变性能,桥梁的抗震性能和抗裂性能得到有效的提升。C/C 复合材料的耐腐蚀性能,使其在石油化工管道和盛放腐蚀性溶液的容器的衬里、一些高温高压的密封件等方面被逐渐应用。

在汽车工业中,为了降低能耗和节约成本,在使用体积相同的材料时,人们更倾向于使用密度更小而材料强度高的材料来取代质量大的钢材作为汽车使用的材料。更轻的车身自重意味着更低的油耗,能够降低能源的消耗速度。如果用 C/C 复合材料来制造汽车的车身和底盘,汽车的自身质量将降低至原来的 30% 左右,而油耗只有先前的 60%。目前 C/C 复合材料的价格仍然居高不下,因此在汽车工业中也仅仅有一部分零部件能够用它来制造。例如雷诺公司的汽车后车门,沃尔沃汽车的操纵盘、散热器构架以及标致汽车的车身板、折合式车罩等零部件开始采用了 C/C 复合材料。

在电子信息工业中,过去采用石墨材料制造晶体生长的热场系统。但是石墨受高温会发生热解,从而污染单晶而降低单晶纯度。已经有企业采用 C/C 复合材料作为制备单晶晶体生长炉的热场零件的原材料。由于它自身的良好热物理性能,可以避免石墨材料降解产生杂质从而污染制备的单晶晶体,能够获得纯度很高的晶体。同时其抗热震性能显著优于普通石墨材料,在频繁的热冲击条件下,材料自身的裂纹也不容易出现,温度场的变化得以避免。因此利用 C/C 复合材料制备的反应炉零部件在国外单晶体生长系统中被较多采用。

C/C 复合材料在制造一些体育器材当中被应用,例如钓鱼竿、羽毛球拍、网球拍、运动自行车等。C/C 复合材料强度大、质量轻、冲击吸收性好以及能够整体成型的特点,使其能够替代钛合金、铝合金和镁合金。金属合金材料的质量较轻,但相比于 C/C 复合材料而言,仍是质量较大的材料。

(3)生物医学领域。C/C 复合材料所具备的优异的力学性能以及与生物体之间良好的相容性,使其被大量研究者用于骨替代材料的制备领域当中。它本身是一种惰性材料,不会在潮湿环境中发生腐蚀和材料固有性质的退化,且通过一些涂层技术使其表面覆盖羟基磷灰石、壳聚糖、聚乳酸等组成的涂层之后,其与生物体的相容性会表现出进一步的提高现象,而且材料外部这些物质的添加对其力学性能的破坏也不明显。

1.1.4 C/C 复合材料的制备方法

C/C 复合材料的制备方法主要包括以下工艺步骤:工艺步骤一,对增强体碳纤维预制体的制备过程;工艺步骤二,对预制体进行的致密化过程。工艺步骤二的对预制体进行的致密化工艺过程好坏对于制备出来的 C/C 复合材料成品的性能好坏有着重大的影响。目前所采用的致密化预制体工艺包括化学气相渗透(CVI)法、液相浸渍热解法和化学液相沉积法等方法。

树脂浸渍和沥青浸渍热解技术是 C/C 复合材料预制体液相浸渍热解致密化的两种方法。这两种方法目前是各个企业和科研院所用来制备 C/C 复合材料所采用的主要工艺方法。在惰性气氛中,通过加压使有机溶剂浸渍进入预制体,通过有机物热解形成碳基体,达到致密化目的。

化学气相渗透(Chemical Vapor Infiltration,CVI)法将事先经过高温气化的有机物输运,使其渗透进入预制体本身存在的微小网络空隙中,加热热解碳化后形成碳基体,致密化程度更高,性能更优异。目前 CVI 技术发展已经十分成熟,被大范围采用,且在传统 CVI 技术的基础上,发展出现了一系列进一步改良的工艺方法,如等温 CVI、热梯度 CVI、快速定向流动 CVI 等。相对于传统 CVI 方法,这些新工艺、新方法表现出来的沉积速率更快,并且预制体在沉积过程中的表面不易结壳,能够显著加快材料的制备速度,缩短制备周期。但是它们仍然存在着问题,诸如试样制备过程中易变形、能耗高、不易制备结构复杂的预制体等。

近年来,国内外专家、学者们都在积极致力于研究能够进一步有效地提高 C/C 复合材料预制体致密化速率的方法。日本研究者研究出了一种称为自烧结性焦烧结法的方法以及预包纱工艺。这种工艺是以固相沥青为原料,将微米级的焦粉和中间相沥青黏结剂混合均匀,包裹在碳纤维束中,然后用有机纤维丝包起来,制成预包纱。只需经过两次热处理就能够得到之前提到的包纱制品,这种自身具有柔性的纱包可以被编织成为单向的或者三向的布条状或者丝带状等多种预加工成型的工件。

1.2 C/C 复合材料的氧化

1.2.1 C/C 复合材料的氧化过程

C/C 复合材料的氧化过程是一个非碳化的多相反应。同其他碳材料一样,C/C 复合材料中存在一系列的晶格缺陷,碳化、石墨化过程中产生的内应力,以及杂质使得 C/C 复合材料中存在一些活性点部位。这些活性点部位易吸附空气中的氧气,并且在温度高于 370 ℃时开始发生氧化反应,生成 CO 和 CO_2,即

$$2C + O_2 = 2CO \tag{1-1}$$
$$2CO + O_2 = 2CO_2 \tag{1-2}$$

即使在极低的氧分压的情况下,也具有很大的 Gibbs 自由能差驱动反应快速进行,且氧化速度与氧分压成正比。

C/C 复合材料的氧化反应经过如下步骤:①反应气体向碳材料表面传输;②反应气体吸附在碳材料表面;③在材料表面进行氧化反应;④氧化反应生成的气体产物脱附;⑤生成的气体产物反向传输进入环境中。其氧化影响因素有氧气向材料表面迁移的速度、氧化性气氛的组成及流动速度、氧分压的大小、与氧接触材料的有效表面积(或表面积因氧化而产生的变化)、材料的显微结构及相组成、材料中的易氧化杂质含量及杂质的催化氧化作用、热处理温度、试样形状、氧化温度和时间、气体氧化产物的脱附及迁移速度、

氧在材料内部及气体边界层中的有效扩散系数以及材料的热辐射率等。

1.2.2 C/C复合材料的氧化特点

C/C复合材料是多孔材料,在外部表面没有反应完的气体通过气孔扩散到材料内部。气体一边扩散到材料内部,一边和气孔壁上的碳原子反应。在低温(400 ℃左右)下,气孔内的扩散速度比反应速度大得多,整个试样均匀地起反应。随着温度升高(450~650 ℃),碳的氧化反应速度加快,因反应气体在气孔入口附近消耗得多,使试样内部的反应量减少。温度进一步升高(650 ℃),反应速度进一步增大,反应气体在表面就消耗完了,气孔内已经不能起反应。也就是说,纤维/基体界面的高能和活性区域或孔洞是C/C复合材料中优先氧化的区域,所产生的烧蚀裂纹不断扩大并往材料内部延伸,产生表面氧化。随后的氧化部位依次为纤维轴向表面、纤维末端和纤维内芯层间各向异性碳基体、各向同性碳基体。C/C复合材料的氧化失效缘于氧化对纤维/基体界面的破坏及纤维强度的降低,形成大量的热损伤裂纹,并不断扩展,引起材料结构的破坏。C/C复合材料的氧化过程在一定程度上还受纤维及基体类型、编织方式和石墨化程度的影响。不同的工艺制备出的C/C复合材料的氧化性能也不尽相同。

根据研究报道,碳纤维氧化优先于碳基体氧化,原因可能是碳纤维中含有的微量元素对氧化有促进作用。而碳基体和碳纤维束在氧化烧蚀的过程中也是不同步的:树脂碳和沉积碳较耐氧化烧蚀,而纤维碳材料尤其是质量较差的材料不耐氧化烧蚀;相对于不同的气流方向,碳纤维束的氧化程度也不同;碳基体内部的缺陷处(空隙、微裂纹等)也会比其他部位先发生氧化烧蚀现象。

依据不同温度下控制环节的不同,Shemet等将C/C复合材料的氧化过程大致分为了以下三类:低温氧化阶段,控制因素是氧气在材料表面碳基质处发生的化学反应速率;中温氧化阶段,控制因素是氧气在材料中的扩散速率;高温阶段,控制因素是氧气在材料表面气体浓度边界层中的扩散速率。而其在氧化过程中存在的氧化过程控制类型也被通过研究得到了进一步的论证,此外人们还发现不同氧化过程的活化能大不相同(见表1-1)。

表1-1 C/C复合材料不同氧化阶段的氧化活化能

序　号	氧化阶段	氧化活化能/$(kJ \cdot mol^{-1})$
1	低温阶段	178.07
2	中温阶段	86.94
3	高温阶段	20.90

第2章
C/C复合材料抗氧化技术研究

2.1　C/C复合材料表面抗氧化涂层

2.1.1　涂层C/C复合材料的静态氧化过程

C/C复合材料的优异高温性能,只有在没有氧气的情况下才能得到保持。氧化对其性能影响非常显著,当C/C复合材料氧化质量损失达到10%时,其弹性模量和弯曲强度分别降低30%和50%。因此,防氧化成为C/C复合材料应用的关键前提[1-2]。基于对氧化反应过程的分析,并根据C/C复合材料的工作温度和使用条件,对C/C复合材料的氧化防护可以采取不同的措施。目前所采取的提高C/C复合材料的抗氧化性能的方式主要有两种:一是在C/C复合材料表面制备耐高温氧化的涂层,即抗氧化涂层法,其本质是利用高温涂层隔离氧和C/C基体来达到防氧化的目的;二是在制备C/C复合材料时,在基体中预先包含有氧化抑制剂,或者将已合成的C/C复合材料浸渍在氧化抑制剂中,填充材料中的缺陷,即抗氧化基体改性法,其主要目的是使得C/C基体本身能够抗氧化。

C/C复合材料作为耐热结构材料,人们早在20世纪50年代即开始研究解决其应用中的防氧化问题。20世纪70年代首次将防氧化C/C复合材料用于航天飞机构件中。为了适应不同使用对象的要求,如飞机刹车、导弹壳体、航天飞机蒙皮和机翼前缘、高推动比发动机涡轮与尾喷管等,需研制出不同使用温度、载荷条件、寿命要求的防氧化涂层,以便扩大C/C复合材料的应用范围,发挥其耐高温的潜在能力。

在含氧气氛中,C/C复合材料在400 ℃以上即开始氧化。解决C/C复合材料高温抗氧化的一个主要途径就是采用抗氧化涂层,使C和O_2隔开,保护C/C复合材料不被氧化。

采用涂层技术是C/C复合材料防氧化最有效并使其能在超高温环境服役的最佳方法。由于涂层可以提供更高温度下的防氧化能力,因而发展较快。该方法的基本原理是利用涂层阻挡氧气与基体的接触和氧气向基体中扩散而达到高温抗氧化的目的。要使C/C复合材料能在高温氧化气氛下长期、可靠地工作,并能承受从室温至高温的热冲击,在设计抗氧化涂层时应考虑的因素如图2-1所示[2-3]。由此可知,具有保护功能的涂层必须具有以下几项基本要求。

(1)能够提供有效的防护屏障,以阻止氧气在材料外界面和组织结构内部的扩散,即具有较低的氧气渗透能力。

(2)涂层与基体材料之间具有良好的化学与物理相容性和稳定性。

(3)涂层不能对氧化反应有催化作用。

(4)涂层具有低的挥发性,以防止材料在高速气流中或高温条件下工作时,涂层因过度损耗而失效。

(5)涂层不能影响C/C复合材料原有优秀的机械性能。

(6)涂层与基体材料之间具有良好的热膨胀系数匹配和结合能力,不易剥落。

(7)涂层致密,且具有高温自愈合能力。

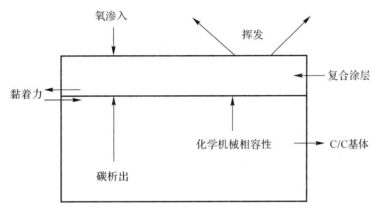

图2-1 C/C抗氧化防护体系的关键因素

涂层C/C复合材料的静态氧化过程除与C/C复合材料本身氧化规律有关外,显然还与涂层的性质、涂层与基体的界面结合等因素密切相关。涂层C/C复合材料静态氧化过程一般分为以下几个步骤:

(1)环境中的氧穿过气体边界层向涂层表面传输;

(2)氧通过涂层的显微裂纹和孔隙扩散至基体与涂层的界面;

(3)氧在致密的涂层内扩散,并到达C/C基体与涂层的界面;

(4)氧与界面处的碳反应生成气相产物;

(5)气相产物通过涂层的微裂纹、孔隙或致密的涂层反向扩散离开界面;

(6)气相产物通过气体边界层扩散到环境中去。

研究表明,涂层C/C复合材料的氧化过程主要受步骤(2)(3)(4)中最慢者控制。当涂层C/C复合材料的氧化过程受控制于步骤(3)时,说明涂层致密,氧主要通过涂层体扩散进入C/C基体,此时的氧化失重服从抛物线函数关系,涂层具有良好的抗氧化能力,可达到长时间的抗氧化效果,通常将此过程称作涂层的本征抗氧化。当涂层C/C复合材料的氧化受步骤(2)控制时,材料则表现出线性的氧化失重规律,且氧化失重速率较快,此时涂层的抗氧化寿命是有限的,不具备持久的抗氧化能力,一般常将此过程称为涂层的缺陷氧化。若涂层C/C复合材料的氧化过程完全受步骤(4)控制,则表明涂层的完整性极差,此时的涂层不具备抗氧化能力,常称作反应控制或涂层失效。

研究表明,涂层C/C复合材料具有明显不同于C/C复合材料的氧化特征,这可通过涂层 C/C 复合材料氧化过程中的特征氧化温度加以说明。涂层 C/C 复合材料的起始氧化温度(oxidation threshold temperature)一般高于 C/C 基体的起始氧化温度,二者的差距随氧化气氛、涂层的材质、组分、制备工艺、完整性、与基体的物理化学相容性,以及 C/C 基体的组织结构、热处理温度、致密度及制备工艺等方面的不同而不同。相对而言,若涂层不完整且涂层自身的阻氧能力差,则涂层的起始氧化温度有可能与 C/C 复合材料的接近或相同;相反地,若涂层完整、致密,且具有良好的氧阻挡能力,则涂层 C/C 复合材料与 C/C 复合材料在氧化起始温度上的差距将增大。涂层的极限使用温度(limiting use temperature)不但与涂层材料的性质有关,而且还与涂层的服役环境、寿命要求有关。在制备温度以下,涂层因与基体热膨胀失配而产生裂纹的温度称为裂纹生成温度(microcraking temperture)。裂纹生成温度到极限使用温度为涂层本征抗氧化温度区间,在这一温度区间内,涂层 C/C 复合材料与涂层材料的氧化行为趋于一致。起始氧化温度到裂纹生成温度为涂层的缺陷氧化敏感温区,此时涂层 C/C 复合材料的氧化行为与涂层内的缺陷数量、大小及分布密切相关。显然,涂层缺陷数量及尺寸越大,则氧入侵 C/C 基体的短路通道越多,结果导致涂层 C/C 复合材料的氧化加剧、失重增大,即提高了涂层的缺陷氧化敏感性。

2.1.2 C/C 复合材料防氧化涂层制备方法

C/C 复合材料防氧化涂层制备方法有很多,主要有固渗法(扩散法)和化学气相渗透(CVI)法。两种方法均可制备出 1 600 ℃ 应用的涂层。此外,还可采用复合法,如采用包埋法为主的复合制备的涂层,它可在 1 500 ℃/1 400 h 使用。

CVI 方法可以制备具有过渡层、阻挡层、封严层及氧化层的复合涂层,可制备出在 1 600 ℃/168 h,1 700 ℃/4 h 使用的 C/C 复合材料的防护涂层,即得到性能更好的防护涂层和防氧化涂层。

固渗法(扩散法)是将 C/C 复合材料埋在 Al_2O_3,Si,SiC 等粉体的混合粉末中,在高温长时间进行化学反应,使其生成 SiC 涂层。

化学气相沉积法(CVD)用 CH_3SiCl_3 和 $SiCl_4$ 与碳氢气体的混合物,在高温下发生反应,C/C 复合材料表面生成 SiC 涂层。

2.1.3 C/C 复合材料表面防氧化涂层体系

(1)多层复合涂层。最简单的复合涂层是双层复合涂层。由于 SiC 与 C/C 基体良好的物理化学相容性,目前双层复合涂层内涂层大多采用 SiC,外层材料则选用耐火氧化物、高温玻璃或高温合金作为密封层。该种涂层利用密封层对 SiC 内涂层的裂纹和孔隙进行愈合,从而提高复合涂层的抗氧化能力[4]。付前刚等[5]用 SiO_2,B_2O_3,MgO,Al_2O_3,$MoSi_2$ 等制备的以 SiC 为内涂层,以掺加 $MoSi_2$ 的硼硅酸盐玻璃为外涂层的双层复合涂层,能够在 1 300 ℃ 的静态空气气氛下对 C/C 复合材料有效保护 150 h,其中 $MoSi_2$ 的作用主要是提高玻璃相的高温稳定性,缓解玻璃涂层的内应力,避免穿透性裂纹的产生;利用二次包埋法制备的双层 SiC 涂层可以在 1 500 ℃ 下有效保护 C/C 复合材料 310 h,涂层中富余的游离硅一方面可以渗透到内层 SiC 孔隙中,降低涂层氧气渗透率,另一方面可以缓解基体与涂层之间的热膨胀不匹配问题;同时高温下 Si 和 SiC 氧化而形成玻璃态 SiO_2 能够填充涂层表面微裂纹,有助于抗氧化能力的提高[6]。方勋华等[7]用 SiO_2,SiC,Al_2O_3,B_4C,ZrO_2 制备的以磷酸盐为过渡层,以陶瓷相(ZrO_2,SiC 等)为阻挡层的复合涂层,是一种适合于 1 100~1 500 ℃温度范围对 C/C 复合材料保护的涂层,在低于 1 500 ℃温度时具有良好的抗氧化性和抗热震性能,阻挡层的主要作用是阻止氧气的渗透且防止 B_2O_3 的过度挥发。张中伟等[8]采用固渗法制备了以 SiC 为内层、料浆涂刷法制备的高温氧化物釉层和硼硅化合物釉层为外涂层的复合涂层体系,1 800 ℃自然对流氧化试验条件下氧化物釉层 30 min 内的平均失重速率为 $0.06g/(m^2 \cdot s)$,硼硅化合物釉层 60 min 内的平均失重速率为 $0.2 g/(m^2 \cdot s)$,说明该涂层体系在 1 800 ℃具有较好的抗氧化能力。

在双层复合涂层研究的基础上,以 SiC 为内涂层,采用耐高温陶瓷材料(如 ZrO_2,$MoSi_2$,Al_2O_3,莫来石,硅酸钇等)为热障涂层,以氧气渗透率低的玻璃、硅酸盐等为外层的三层复合涂层可将高温陶瓷材料的优点结合起来,发挥各自的作用,达到更满意的抗氧化效果。研究表明,硅酸钇是一种理想的抗氧化涂层材料,具有与 SiC 结合力强、与 SiC 膨胀系数匹配、低挥发率、低氧气渗透率等特点。然而,硅酸钇涂层能否发挥其优异的高温性能在很大程度上还依赖于其制备工艺。黄剑锋等[9]发明了原位制备硅酸钇涂层的方法,研究表明所制备的 SiC/硅酸钇/玻璃复合涂层能在 1 600 ℃下对 C/C 复合材料有效保护达 202 h,涂层试样的氧化失重率小于 0.7%。氧化时间超过 50 h 后,试样的失重维持在极低的水平,且能在 400~1 600 ℃内的温度范围对基体进行全温度段的氧化保护,说明涂层具有非常好的抗氧化性能。进一步的研究表明[10-11],涂层失效的主要原因是外表面的玻璃密封层在高温下长时间的挥发,玻璃封闭层的长时间高温挥发后无法充分愈合由于热震而产生的裂纹,为氧气的扩散提供了通道,导致涂层的最终失效。来忠红、朱景川等[12]采用 Mo 和 Si 粉,在制备 Mo-Si 系涂层的过程中通入氮气,开发了 SiC/$MoSi_2$-Si/Si_3N_4 多层抗氧化涂层,该涂层可以在 1 400~1 450 ℃有效保护 C/C 复合材料;此涂层体系中间层为 $MoSi_2$-Si 双相结构,$MoSi_2$ 填充于 Si 涂层孔隙,与 SiC 内涂层匹配较好,Si_3N_4 致密外涂层可以阻止高温下 Si 的熔化流失,提高了涂层的使用寿命。

(2)多组分复合涂层。许多高温陶瓷材料(如 $MoSi_2$,Al_2O_3 等)由于与 SiC 之间热膨胀系数相差很大,不能直接应用于 SiC 表面而形成多层涂层。为了解决此问题,曾燮榕、黄剑锋等提出了多组分复合涂层模式。多组分复合涂层组分之间采用互相镶嵌方式有机组合,提高涂层致密度的同时也缓解了热膨胀不匹配问题。目前,与基体结合牢固、稳定的多组分复合涂层的形成主要有两种方式。其一是粉料经扩散、熔融流动、蒸发凝聚、溶解沉淀等渗透作用进入基体,与基体发生反应而形成的;其二是首先制备多孔的 SiC 内涂层,然后将其他耐高温陶瓷材料通过扩散及传质作用渗透到 SiC 内涂层的孔隙中,从而形成致密的多相复合的多组分复合涂层。从断面上看,多组分之间没有明显的层间界面,这样可以有效地解决两相或多相材料之间热膨胀系数不匹配的问题。

利用上述第一种多组分复合涂层形成原理,黄剑锋、曾燮榕等[13]首次采用包埋法制备了含有莫来石，Al_4SiC_4，SiC，Al_2O_3 等的多组分复合涂层。这种 $SiC-Al_2O_3-Al_4SiC_4-$莫来石复合涂层与 C/C 复合材料的黏结主要依靠 Al_4SiC_4，SiC 和 Al_4C_3 化合物，由莫来石、Al_2O_3 和 SiC 等组成的表面层相与相之间结合紧密，呈自然过渡状态，没有明显的界线。研究表明，此涂层体系可以在 1 500 ℃有效保护 C/C 复合材料 41 h，氧化失重率小于 2%，并表现出优异的抗热震性能。利用上述的第二种多组分涂层形成原理，黄剑锋等[14]还采用二次固渗法制备了 $SiC-Al_2O_3-$莫来石涂层，其在 1 600 ℃下能有效保护 C/C 复合材料 80 h，氧化失重率小于 2.3%。内层 SiC 为多孔结构，Al_2O_3 和莫来石作为渗料填充孔洞之中，既缓解了热膨胀系数不匹配的问题，又提高了涂层高温抗氧化能力。在 1 500 ℃高温氧化作用下，涂层表面形成一层以 SiO_2 为主的硅酸盐玻璃，能够愈合涂层中的裂纹及孔隙，对 C/C 复合材料基体起到有效的保护作用。其高温失效原因是经过长时间的汽化和蒸发后，涂层表面的氧化物密封层逐渐变薄，不能完全封填涂层的缺陷，导致氧气的渗透与基体反应而产生气体。气体的逸出使材料的表面留下了难以愈合的孔隙，导致涂层的最终失效[15-16]。采用此方法，付前刚等[17]研制了 $SiC/CrSi_2$ 复合涂层，它也具有一定的高温抗氧化能力。

（3）梯度复合涂层。由于 C/C 复合材料基体与涂层之间不可避免的热膨胀差异，在涂层中易产生裂纹。裂纹除了可以采用前述的密封层来愈合外，还可以通过功能梯度材料原理制作热膨胀系数梯度变化的涂层来消除[5]。黄剑锋等[18]采用 sol-gel 方法在 SiC 内涂层表面制备了 ZrO_2-SiO_2 组分梯度变化的涂层，该涂层很好地缓解了涂层间的热膨胀不匹配问题。在此涂层体系中，多孔的 SiC 内涂层孔隙被硅-锆混合溶胶填充。涂层中越靠近涂层表面，ZrO_2 含量越高，而 SiO_2 含量越低，ZrO_2-SiO_2 浓度的梯度变化大大缓解了内应力，有效地阻止了穿透性裂纹的产生。ZrO_2 作为热障涂层，可以降低涂层内部和基体所承受的温度，且中间层中 ZrO_2 和 SiO_2 反应生成 $ZrSiO_4$ 也有效地提高了涂层的抗氧化性能。以梯度组分的硅酸钇粉体为喷涂原料，采用等离子喷涂法在 SiC 内涂层表面制备 $Y_2O_3 \cdot 2SiO_2/Y_2O_3 \cdot 1.5SiO_2/Y_2O_3 \cdot SiO_2$ 梯度复合涂层较好地发挥了不同组分硅酸钇材料的特性，在 1 600 ℃下氧化 116 h 后材料失重低于 2%；在此涂层体系中 Y_2O_3 和 SiO_2 呈梯度分布，极大地缓解了涂层内部的热应力，外层的 $Y_2O_3 \cdot SiO_2$（Y_2SiO_5）则起到热障涂层的作用，降低了内涂层的服役温度，有利于提高涂层的抗氧化能力[19-20]。

（4）晶须增韧复合涂层。由于 C/C 复合材料需要在燃气冲刷剪切力作用下服役，因此，涂层与基体之间的结合力以及涂层本身的内聚力的提高是一个比较现实的问题。为了提高这种结合力和增强涂层的韧性，付前刚、李贺军等[21-22]提出采用 SiC 晶须增韧陶瓷的复合涂层模式。其制备的 $SiC_f-SiC/MoSi_2-SiC-Si$ 复合涂层能在 1 500 ℃下有效保护 C/C 复合材料 200 h，SiC 晶须具有优异的力学和化学稳定性能。SiC 内涂层得到 SiC 晶须增韧后，强度和韧性都得到了一定程度的提高[23-24]，能够克服穿透性裂纹的产生，提高了涂层高温抗氧化和抗冲刷能力。

当前，涂层 C/C 复合材料在航空航天、军事和民用领域的应用背景日趋明朗，已作为高温结构材料应用于关键部件，例如用作航天飞机的鼻锥帽和机翼前缘，未来航天飞机或空天飞机的方向舵、减速板、副翼和机身挡遮板，洲际导弹弹头的鼻锥帽，固体火箭喷管，高速战斗机的高速喷嘴、鱼鳞片、喷油杆、尾喷管、喉衬和刹车系统等。然而,大多数涂层体系只能在特定的温度范围内保护 C/C 复合材料,而实际上,C/C 复合材料零部件的不同部位需要具有承受不同温度侵蚀的能力,因此,全温度段的防护是一个基本的要求。

2.2　C/C 复合材料抗氧化改性技术

2.2.1　传统改进方法

基体改性区别于表面涂层技术,是一种内部保护的方法,它是在碳源前驱体中引入阻氧成分,使 C/C 复合材料本身具有抗氧化能力。阻氧成分的选择要满足以下要求[25]:①与基体碳有良好的化学相容性。②具备较低的氧气、湿气渗透能力。③不能对氧化反应有催化作用。④不能影响 C/C 复合材料原有的优异机械性能。

(1)碳纤维改性。研究表明,C/C 复合材料的氧化首先发生在碳基体/碳纤维界面[26],氧气通过不紧密的界面间隙进入材料内部,氧化碳纤维。根据这个思路得知,对碳纤维进行抗氧化改性能够在一定程度上对 C/C 复合材料进行保护,减小氧化速率。到目前为止,碳纤维改性的方法主要有两种。一种是在碳纤维表面涂敷涂层,外敷涂层隔断了氧气与碳纤维的接触,从而达到保护材料的目的。涂层需具备以下特征[27]:

1)化学气相渗透致密化工艺的要求,在 1 100 ℃的低压下能够保持稳定;

2)涂层不能与碳纤维发生反应,防止破坏碳纤维的性能;

3)涂层要先于碳氧化,形成的氧化物最好有一定的体积膨胀,防止涂层氧化后体积缩小产生微裂纹,氧原子或氧分子直接侵蚀碳纤维。

应用此方法得到研究较多的是硅基和硼基涂层。Keller 等[28]在碳纤维表面多次涂敷有机硅硼基聚合物,经过低温预处理后,碳纤维表面沉积的聚合物涂层能够在 600 ℃的氧化气氛下有效保护碳纤维,且防氧化能力与涂层的厚度密切相关(见图 2-2)。

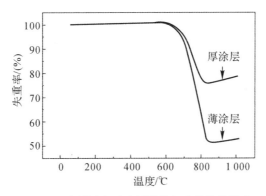

图 2-2　涂层厚度对碳纤维抗氧化性能的影响

除在碳纤维表面涂敷涂层外,另一种方法是对碳纤维表面进行气相处理。这同样可以在一定程度上提高其抗氧化性能。Yasuda 等[29]用臭氧处理碳纤维和碳基体,表面处理加强了纤维和基体的界面结合,处理后,对材料基本上不能分辨出碳纤维和基体。根据文献[30]的研究结果,发现臭氧处理碳纤维不仅增加了羧基官能团的数目,而且使纤维表面变得光滑,石墨化程度提高,纤维的润湿性也得到很大改善,这些都有利于材料抗氧化性能的提高。Zayat 等[31]用氟的卤素化合物(ClF_5,BrF_5),Ho[32]等用 Br_2 蒸气在常温下处理碳纤维,使碳纤维的氧化速率大大降低。据分析,这可能是因为卤素对材料内杂质离子的"清扫"作用,大大降低了碳结构中的杂质离子对氧化反应的催化作用。然而,具体的保护机理还不太清楚,需要进一步研究。

(2)液相浸渍法。由于成型工艺因素等原因,C/C复合材料基体中不可避免地存在着许多气孔和微裂纹,这些结构缺陷的存在不仅增加了材料的比表面积,使氧化反应的活化点增多,而且为氧扩散至材料内部提供了通道。由于液相法具有流动性好、扩散快等优点,因而被用来浸渍C/C复合材料。浸渍过程中,液相中的氧化抑制剂扩散渗入到材料内部,填充这些缺陷位,并在材料表面形成一层很薄的覆盖层,减少了氧化反应活化点,从而降低氧化速率。

研究表明,在C/C复合材料制备完成后,将磷酸、磷酸盐、正硅酸乙酯、硼酸或硼酸盐等以液相形式渗透到基体中去,经过预处理后的C/C复合材料可以在中、低温段服役。Sogabe 等[33]将C/C复合材料在 1 200 ℃的熔融 B_2O_3 中高压浸渍,浸渍均匀,浸渍后的基体从里到外密度没有变化,在800 ℃的静态氧化气氛下可以对材料有效保护24 h,材料的氧化失重率仅为2.5%。这是由于高温下 B_2O_3 熔融成玻璃态,黏度小,流动性强,不仅覆盖材料表面,为避免氧气进入材料内部提供屏障,并且极易流入材料内部,填充结构缺陷。而2.5%的失重率据分析是由于浸渍过量的 B_2O_3 挥发引起的。因此,可以通过优化工艺参数控制 B_2O_3 的渗透量来减小氧化失重。然而,在850 ℃以上温度时,B_2O_3 的蒸气压迅速增大,快速挥发导致氧化保护效果大大降低。Lu 等[34]将臭氧处理的多晶石墨浸入磷酸和氢氧化铝配成的溶液中,在150 ℃下保温10 h,经过后处理,不仅在材料的内孔隙,而且在材料表面形成了耐烧蚀的 $\alpha - Al(PO_3)_3$ 层,可以在 1 250 ℃的静态空气中对材料进行短时间保护。刘重德等[35]采用磷酸无机高分子复合盐浸渍处理一种本身抗氧化的C/C复合材料,高温下磷酸盐聚合,在材料表面形成一层附着力较强的聚磷酸盐保护膜,同时也填充了一些气孔内部。改性后的材料在650 ℃静态空气中氧化65 h后,质量损失仅为5%。易茂中等[36]用磷酸、硼酸浸渍C/C复合材料,脱水后形成的玻璃态物质填充材料表面的微孔和微裂纹,使C/C复合材料的起始氧化温度提高了近200 ℃,材料的抗氧化性能明显提高。

浸渍法是一种相对简单、快速的C/C复合材料基体改性方法,并且对材料的力学性能几乎没有影响,但氧化抑制剂在较高温度下便迅速挥发,导致氧化保护失效。因此,该方法只适用于在800 ℃以下温度段保护C/C复合材料。

(3)添加剂法。添加剂法是指在材料合成时通过共球磨或共沉淀等方法将氧化抑制剂或前驱体弥散到基体碳的前驱体中,共同成型为C/C复合材料。这些添加剂主要包括B、Si、Ti、Zr、Mo、Hf、Cr 的氧化物、碳化物、氮化物、硼化物等,也可能是它们的有机烷类。它们提高C/C复合材料抗氧化性能的机理大致为:添加剂或者添加剂与碳反应的生成物与氧的亲和力大于碳和氧的亲和力,在高温下优先于碳被氧化,反应产物不与氧反应,或高温反应形成高温黏度小、流动性好的玻璃相,不仅填充了材料中的孔隙和微裂纹,使材料结构更加致密,而且在材料表面形成一层致密的化学阻挡层,减少材料表面的氧化反应活性点数目,阻止氧气和反应产物扩散到材料内部。McKee 等[37] 在合成 C/C 复合材料时加入 ZrB_2,B,B_4C 等氧化抑制剂粒子,高温下材料表面形成的氧气阻挡层可以在 800 ℃以下温度段对材料进行有效保护。随着温度升高,水蒸气的存在导致氧化硼玻璃相快速挥发,氧化保护失效[38-39]。研究表明,SiO_2 的存在可以在一定程度上稳定高温 B_2O_3,使材料的抗氧化温度提高,达到中温段抗氧化。为此,刘其城等[40] 在没有黏结剂的情况下,以石油生焦作碳源,掺入了 B_4C 和 SiC 两种氧化抑制剂模压成 C/C 复合材料。成型试样在 1 200 ℃温度下氧化 2 h 后失重率小于 2%,而在 1 100 ℃以下温度氧化 10 h,失重率均小于 1%。

Fan 等[41] 以 SiC,B_4C,石油焦,煤焦油为原料,在有机溶剂中机械球磨原料,得到颗粒度很小的粉料,最后成型、烧结得到晶粒细小的 C/C 复合材料。图 2-3(a) 为制得试样在 1 400 ℃静态空气中氧化 10 h 后的表面 SEM 图片,可以看到在材料表面形成致密而完整的玻璃液相保护膜。这是在高温下,由这些添加的陶瓷颗粒氧化速度很快而形成的,即达到良好的自愈合效果,试样在 1 400 ℃静态空气中氧化 10 h 后失重很小。然而在 800 ℃以下温度段时,由于晶粒尺寸小、材料表面积大、氧化活性点数目多,在形成完整的自愈合保护膜前一部分表面碳已经被氧化(见图 2-3(b))。因此,氧化失重比较严重。

氧化抑制剂的添加可以极大地提高 C/C 复合材料的抗氧化性能。但是,氧化抑制剂的加入是以降低材料的力学性能为代价的。加入量过多就会使复合材料的力学性能明显下降,尤其是在较高温度条件下使用的 C/C 复合材料不允许加入过多低熔点异相物质。而加入量太少,不足以形成满足要求的玻璃层,起不到完全隔离氧、防止其扩散进入 C/C 复合材料基体的作用。因此,根据材料的用途来控制添加剂的量也成为制备 C/C 复合材料的一个重点。

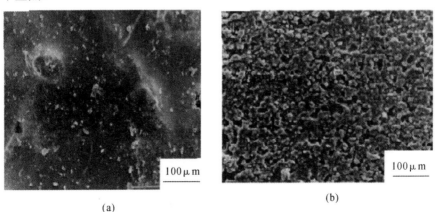

(a)   (b)

图 2-3　不同温度下氧化 10 h 材料表面 SEM 图片

(a)1 400 ℃;(b)800 ℃

(4)催化杂质的直接脱除或失活。据文献报道[42],C/C复合材料中含有加速氧化的微量元素(如 Fe,Zn,Cu 等)。为了使催化杂质直接脱除或失活,人们曾经使用净化原子能石墨的技术来抑制氧化,但结果并不令人满意[43]。此方法至今没有得到很大发展。

(5)基体置换法。目前看来,此方法是传统改性方法中最有效的方法。它是将具有抗氧化作用的材料加入到 C/C 复合材料中,利用各种工艺方法(化学气相反应法、浸渗法、反应熔渗法等)使其置换部分或全部碳基体,形成多元基体材料,进而提高材料本身的抗氧化性能。研究最多的是将有机硅化物或有机钛化物渗入到 C/C 复合材料中,置换部分或全部的碳基体,取得了较好的效果。

王道岭[44]等采用熔融硅液相浸渍法制备了 C/C - SiC 复合材料,反应生成的 SiC 主要分布在层间孔和束间孔碳基体表面,1 600 ℃渗硅 2 h,硅化深度为 2～4 μm,在碳基体表面形成了连续的 SiC 层,局部有粗大的多面碳化硅颗粒,材料的抗氧化性能得到明显改善。LCTS 实验室的 F. Lamouroux[45]等对 SiC 置换复合材料中的部分基体碳进行了较多的研究,结果表明,其抗氧化性能得到明显提高。

2.2.2 新的改性方法

(1)溶剂热法。溶剂热法是近年来一种用于制备材料的新工艺,在材料科学、合成化学和化工领域被广泛用来制备无机纳米材料、有机聚合物和在常温条件下难以甚至无法制备出来的一些新材料。本团队首次采用溶剂热法对 C/C 复合材料基体进行改性,使材料在低温下的抗氧化性能大幅度提高(见表 2 - 1),并申请了专利[46]。其主要原理是利用溶剂热过程中形成的高温、高压超临界环境下流体具有很强的运送能力,将液相中的氧化抑制剂粒子在一定温度和压力下,通过扩散、溶解和反应等物理-化学作用运送到基体内部,填充基体的孔隙,阻止氧与碳基体反应,保护整个 C/C 复合材料。这种方法的优点是工艺控制简单,原料价格低廉,反应温度低,而且生成的抗氧化前驱体和基体的高温热匹配性能好,对材料的力学性能几乎没有影响。

表 2 - 1 改性过的试样抗氧化结果一览表

实　　例	水热处理温度/℃	处理时间/h	500 ℃空气气氛氧化 6 h 后的失重率/(%)
改性试样 1	160	24	0.19
改性试样 2	180	24	0.09
改性试样 3	220	24	0.05
未改性试样			2.39

以上实验是在恒温 500 ℃时氧化空气中进行的,定期从炉中取出空冷 30 min 后称量计算得到的结果。

(2)微波水热法。微波水热法是在微波法和水热法基础上发展起来的一种新的材料制备技术。这种技术独特之处就在于其采用的不是普通的加热方式,而是用微波对水热体系直接进行加热。将 C/C 复合材料试样置于浸渍溶液的水热釜中,再将水热釜置于微波消解仪中。此法不仅利用了微波选择性加热,加热速度快、均匀,没有温度梯度的独特优点,可以大大缩短反应时间,提高反应效率,同时,还将水热反应温度低,反应过程中气-液-固相扩散、传质速度快、渗透能力强等特点结合起来,克服了普通水热反应时间过长的缺点,节约了成本。由于其工艺操作简单,是一种很好的C/C复合材料基体抗氧化改性方法。

（3）超声水热法。超声水热法是近年来发展起来的一种将超声化学法与水热法结合起来制备材料的新工艺。其基本原理是利用超声波空化作用形成的持续高温、高压迅速分散,溶解反应物,加速化学反应,缩短反应时间,同时,利用水热过程中超临界流体强的运送、扩散等优点。因此,可以通过这种方法促进氧化抑制剂快速、均匀地渗入C/C复合材料。该工艺的优点是反应温度低,设备简单,反应时间短,效率高。本团队已在该方面开展了初步的研究工作。

黄剑锋等设置了一种超声水热电沉积制备涂层或薄膜的方法及装置[47]（见图2-4）,此装置将水热釜体置于超声波发生槽内,从而将超声波技术与水热技术融为一体。利用超声水热对C/C复合材料进行基体改性后,在此水热釜体中引入阴、阳电极即可在C/C复合材料表面制备抗氧化涂层,如此一来,基体改性技术与涂层技术共同提高C/C复合材料的抗氧化性能。

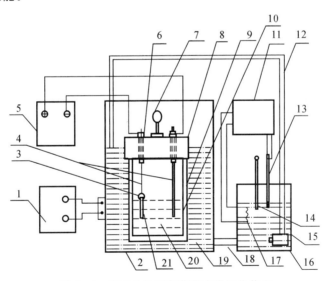

图2-4 超声水热制备薄膜或涂层的装置

1—超声波发生器;2—超声波发生槽;3—试样夹;4—电极;5—电源;6—绝缘套;7—压力表;8—水热釜盖;
9—水热釜体;10—水热釜特氟龙内衬;11—继电器;12—出液管;13—感温元件;14—温度计;15—恒温槽;
16—液下泵;17—加热元件;18—回液管;19—恒温液体;20—电解液;21—试样

第3章
ZrB₂·硼酸体系水热改性
C/C 复合材料的研究

3.1 实验原料及仪器

为了避免原料中存在的杂质可能会对 C/C 复合材料的氧化起到催化作用,本章所采用的原料都是分析纯,主要原料见表 3-1。

表 3-1 实验中涉及的主要化学试剂

序 号	原料名称	分子式	生产厂家	等 级
1	硼酸	H_3BO_3	郑州化学试剂二厂	分析纯
2	硼化锆	ZrB_2	无锡豫龙电子材料有限公司	分析纯

实验过程中使用的主要仪器见表 3-2。

表 3-2 实验过程中使用的主要仪器

序 号	设备名称	生产厂家	型 号	规格及技术参数
1	超声波清洗器	昆山市超声仪器有限公司	KQ-50DE	20～80 ℃
2	万分之一分析天平	梅特勒-托利多(上海)有限公司	AL204	120g/0.1 mg
3	磁力加热搅拌器	德国 IKA 公司	RCT basic	
4	箱式高温烧结炉	合肥科晶材料技术有限公司	KSL-1500L	180 mm×200 mm× 800 mm
5	电热真空干燥箱	上海实验仪器厂有限公司	ZKF030	300 mm×300 mm× 300 mm
6	电子天平	浙江余姚金诺天平仪器有限公司	TD	1 000 g
7	电热鼓风干燥箱	上海一恒科学仪器有限公司	101A-1	20～200 ℃
8	均相反应器	烟台科立化工设备有限公司	KLJX-8A	
9	水热反应釜	河南郑州杜甫仪器厂	HCF-21	30 mL

3.2 C/C复合材料改性过程

3.2.1 C/C基体材料的制备

首先将密度为 1.69 g/cm³ 的飞机刹车片切成大小为 10 mm×10 mm×3 mm 的小块,依次用 320 目、600 目、1 200 目砂纸进行打磨,直至试样表面光滑,无明显缺陷为止,将打磨后的 C/C 基体分别重复多次用无水乙醇和蒸馏水进行超声波清洗,直至清洗后液体仍为透明液体为止;然后置于 110 ℃烘箱中烘干 2 h,放在干燥器中备用。

3.2.2 改性前驱液的配置及溶剂热改性过程

第一步,称取一定量的硼酸样品溶于水中,配成饱和溶液备用;第二步,将一定比例的硼酸溶液、ZrB₂微粉(其质量分数分别为 2%,5%,10%,15%)混合,搅拌 2 h 使其悬浮均匀,倒入水热釜中,控制填充比为 2/3;第三步,将 C/C 基体完全浸渍在水热釜中;第四步,密封水热釜,放入 180 ℃的烘箱中,保温 24 h 后取出,冷却至室温;第五步,取出试样,置于 450 ℃热处理 2 h 后即得到改性后的 C/C 复合材料。

3.3 结构表征及性能测试

3.3.1 结构表征

(1)X 射线衍射分析。物质结构分析最常用的方法是 X 射线衍射分析(X - Ray Diffraction,XRD),它是基于 X 射线在晶体中的衍射现象遵守布拉格定律进行分析的。由于每一种物质都有自己独特的化学组成和晶体结构,其衍射图样也各有其独特的特征,可利用 X 射线在晶体中的衍射现象来分析材料的晶体结构、晶格参数、晶格缺陷(位错等)、不同结构相的含量及应力。

采用日本理学 D/max2200pc 型自动 X 射线衍射仪分析材料表面物质的晶相组成。实验条件为 Cu 靶 Kα 线,石墨晶体单色器,管压 40 kV,管流 40 mA,狭缝 $D_s=1$ mm,$R_s=0.3$ mm,$S_s=1$ mm。

(2)扫描电子显微分析和能谱分析。扫描电子显微镜利用聚焦电子束在试样表面逐个位置扫描成像。通过电子束冲击块状或粉末颗粒,形成二次电子、背散射电子或吸收电子信号作为成像信号。其中主要的二次电子发射量的变化与试样表面的形貌变化有关。利用接收和放大装置对收集到的电信号进行处理,即可得到与试样表面形貌相对应的图像。

利用扫描电子显微镜可以观察大块试样,制样方便,观察场深大,可观察粗糙表面和断裂处形貌。图像具有真实立体感,而且可以随意放大或缩小放大倍数,成像度清晰,甚至在有的情况下可以进行动态势样观察(如极冷、极热和拉伸分析)。

采用 JSM‐6340 型扫描电子显微镜（Scanning Electron Microscopy，SEM）对改性后 C/C 复合材料的表面和断面形貌进行观察，并通过能谱分析（Energy Dispersive X‐Ray Spectroscopy，EDS）对试样微区进行元素种类和含量分析。测试条件：钨丝灯，加速电压 30 kV，放大倍数 5～300 000，分辨率 3.0 nm。

3.3.2　氧化测试分析

采用静态空气气氛中不同温度下恒温氧化测试实验，对氧化后的质量进行精确地测定。通过计算相对质量变化（$\Delta m = m_0 - m_t$）与氧化时间的变化曲线来分析、评价改性得到试样的性能。试样的氧化失重率（ΔM，%），单位面积氧化失重量（ΔM_s，g/cm²）以及单位时间内的氧化失重量（ΔM_t，g/(cm² · h)）分别如下：

$$\Delta M = \frac{m_0 - m_t}{m_0} \times 100\% \tag{3-1}$$

$$\Delta M_S = \frac{m_0 - m_t}{S} \tag{3-2}$$

$$\Delta M_t = \frac{m_0 - m_t}{Sh} \tag{3-3}$$

式中　　m_0 —— 改性后基体初始质量；

$\quad\quad\quad m_t$ —— 氧化后基体质量；

$\quad\quad\quad S$ —— 基体表面积；

$\quad\quad\quad h$ —— 氧化时间。

3.4　结果分析与讨论

3.4.1　改性后基体的物相分析

图 3‐1 是在硼酸溶液中添加不同含量的 ZrB_2 微粉水热改性后 C/C 复合材料表面的 XRD 图谱。从图中可以看出，当 ZrB_2 微粉的加入量较少时，在 C/C 复合材料试样表面检测到了 C 元素的衍射峰和 ZrB_2 的衍射峰；随着 ZrB_2 微粉加入量的增加，C 元素的衍射峰变弱，ZrB_2 的衍射峰逐渐增强；当 ZrB_2 微粉的加入量为 10% 时，在 C/C 基体表面只检测到了 ZrB_2 的衍射峰；继续增加 ZrB_2 微粉的加入量，ZrB_2 的衍射峰变得更强。在 XRD 图谱中没有检测到 H_3BO_3 或者 B_2O_3 的衍射峰，造成这种现象的原因是在 450 ℃热处理的情况下，H_3BO_3 会发生脱水反应：

$$2H_3BO_3 \xrightarrow{450\ ℃} B_2O_3 + 3H_2O \tag{3-4}$$

生成 B_2O_3 和水，而在高温下 B_2O_3 会熔融转变为玻璃相。

3.4.2　改性后基体的显微结构

图 3‐2 是在硼酸溶液中添加不同含量的 ZrB_2 微粉水热改性后 C/C 复合材料表面的

SEM 图片。从图中可以看出,水热改性后 C/C 基体表面被不同大小的颗粒所覆盖,结合 XRD 分析结果可知,颗粒应为 ZrB_2 和 B_2O_3。当 ZrB_2 微粉的加入量较少时,C/C 基体表面的缺陷未被很好地填充,基体表面基本没有颗粒状物质;随着 ZrB_2 微粉加入量的增加,试样表面被一层玻璃态物质所覆盖,同时还存在一些颗粒状的物质;当 ZrB_2 微粉的加入量达到10%时,基体表面完全被颗粒状的物质覆盖,颗粒变大,这可能是由于硼酸脱水生成的 B_2O_3 在 450 ℃下熔融,将 ZrB_2 微粉黏结在一起,从而使颗粒变大;继续加大 ZrB_2 微粉的加入量,C/C 基体表面并未发生太大的变化。

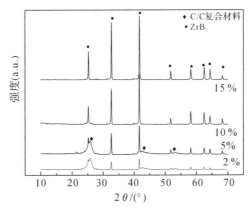

图 3-1　不同含量 ZrB_2 水热处理后 C/C 复合材料表面的 XRD 图谱

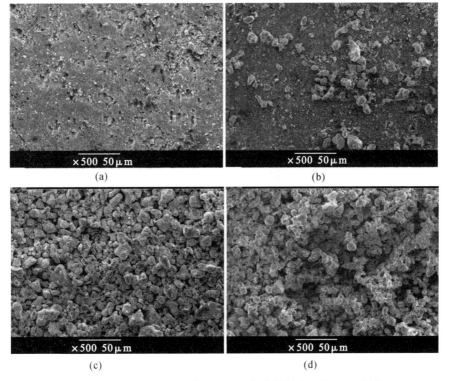

(a)　　　　　　　　(b)

(c)　　　　　　　　(d)

图 3-2　不同含量 ZrB_2 改性后 C/C 复合材料表面的 SEM 图片

(a)2%;(b)5%;(c)10%;(d)15%

3.4.3 改性后基体的抗氧化性能

图 3-3 是添加不同含量 ZrB_2 水热改性后 C/C 复合材料在 600 ℃的恒温氧化失重曲线。改性后 C/C 基体的氧化失重明显低于未改性的 C/C 基体,且随着 ZrB_2 微粉加入量的增加,基体的氧化失重量逐渐降低。由于 ZrB_2 在 600 ℃的氧化速率比较慢,故在整个氧化过程中并未出现明显的增重现象。当 ZrB_2 微粉加入量为 2%时,结合 SEM 图片(见图 3-2(a)),C/C 基体表面未被完全覆盖,不能很好地保护 C/C 基体。随着 ZrB_2 微粉加入量的增加,C/C 基体表面的 ZrB_2 越来越多,ZrB_2 能优先与氧气发生氧化反应生成熔融态 B_2O_3 的保护层,对 C/C 基体进行很好的保护。当 ZrB_2 微粉加入量为 10%时,C/C 基体完全被 ZrB_2 和 B_2O_3 组成的颗粒所覆盖,在 600 ℃的环境下能形成致密的保护层,在氧化 6 h 后的失重量为 77.875×10^{-3} g/cm^3,继续增加 ZrB_2 微粉加入量,基体的失重量反而增加。分析其原因可能有两点:一是由于 C/C 基体表面的颗粒太大,导致表面的涂层存在较大的孔洞,给氧气提供了通道;二是基体表面的 B_2O_3 挥发量增大,导致其抗氧化性能反而降低。

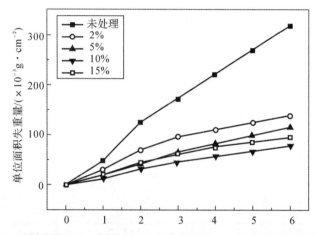

图 3-3 不同含量 ZrB_2,改性后 C/C 复合材料在 600 ℃的恒温氧化失重曲线

图 3-4 是不同 ZrB_2 含量改性后 C/C 复合材料在 600 ℃氧化 6 h 后表面的 SEM 图片。当 ZrB_2 加入量为 5%时,表面只存在少量的 ZrB_2 和 B_2O_3 颗粒,在 600 ℃的有氧环境中,ZrB_2 氧化的速率比较慢,生成的玻璃态 B_2O_3 较少,不能在基体表形成连续的保护层,使氧气与 C 基体接触,发生氧化反应。当 ZrB_2 含量为 10%时,C/C 基体表面完全被一层由 ZrB_2 和 B_2O_3 颗粒组成的涂层所覆盖,虽然在 600 ℃下,ZrB_2 的氧化速率比较慢,但是由于改性后表面本来就存在不少玻璃态 B_2O_3,而且 B_2O_3 挥发比较少,故能在表面形成连续致密的涂层,很好地阻止氧气与碳基体接触,从而持续有效地保护 C/C 复合材料。

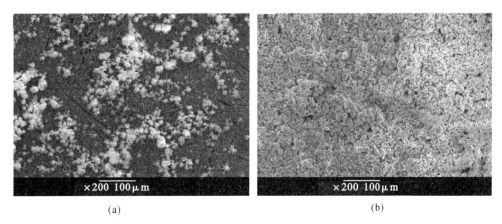

(a)　　　　　　　　　　　　　(b)

图 3-4　不同含量 ZrB₂ 改性后 C/C 复合材料在 600 ℃氧化 6 h 后表面的 SEM 图片
(a)5％;(b)10％

3.5　本章小结

通过添加 ZrB₂ 微粉和硼酸作为改性剂对 C/C 复合材料进行水热改性的研究发现,改性后的试样表面被一层由 ZrB₂ 和 B₂O₃ 颗粒组成的涂层所覆盖,在 600 ℃下,ZrB₂ 的氧化速率比较慢,同时 B₂O₃ 的挥发也比较慢,因此能在 C/C 基体表面形成连续的玻璃态涂层,能对 C/C 复合材料进行有效的保护。但是在同等条件下,与以硼酸溶胶为液相改性剂相比,改性后的 C/C 复合材料的抗氧化性能明显优于以硼酸为液相改性后得到的 C/C 复合材料。随着 ZrB₂ 微粉加入量的增加,C/C 复合材料的抗氧化能力增强。当 ZrB₂ 微粉的加入量为 10％时,改性后的 C/C 复合材料具有最优良的抗氧化性能。

第4章
磷酸体系水热法改性C/C复合材料的研究

4.1　实验原料及仪器

为了减少高温下杂质离子对C/C复合材料的催化氧化作用,原料尽可能地采用分析纯,实验过程中所用到的原料见表4-1。

表4-1　实验中涉及的主要化学试剂

序　号	实验原料名称	相对分子质量	生产厂家	等　级
1	磷酸	98.00	天津市化学试剂三厂	分析纯
2	碳化硅	101.96	上海化学试剂厂	分析纯
3	碳化硼	55.29	上海化学试剂厂	化学纯
4	三氧化二铝	69.62	西安化学试剂厂	分析纯
5	无水乙醇	46.07	西安化学试剂厂	分析纯

实验中所用的仪器见表4-2。

表4-2　实验中使用的主要仪器

序　号	设备名称	生产厂家	型　号
1	超声波清洗器	昆山市超声仪器有限公司	KQ-50E
2	万分之一分析天平	常州市金科安联科技有限公司	FA2004
3	高温箱型电阻炉	上海实验电炉厂	SR1X2-1-70
4	可控硅温度控制器	上海实验电炉厂	SKY-12-16S
5	双头快速研磨机	陕西咸阳科力陶瓷研究所	SK-Ⅱ
6	电子天平	余姚市金诺天平仪器有限公司	TD
7	电热鼓风干燥箱	上海实验仪器厂有限公司	101A-1
8	水热反应釜	自制	

4.2 C/C复合材料抗氧化改性过程

C/C复合材料水热改性工艺流程图如图4-1所示。

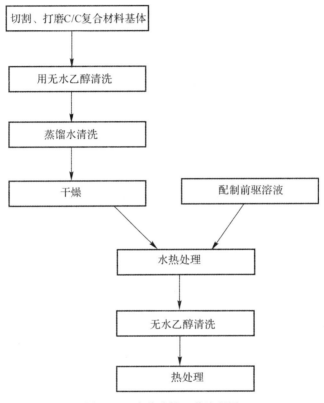

图4-1 水热改性工艺流程图

4.2.1 C/C基体材料的制备

实验采用等温化学气相渗透(CVI)法制备的2D C/C复合材料,密度为1.70 g/cm³。将试样切成大小为10 mm×10 mm×10 mm的块状,依次用240目、500目、800目、1 200目、1 500目的SiC砂纸进行打磨,接着分别用无水乙醇和蒸馏水在超声波清洗器中清洗,最后于110 ℃干燥2 h。

4.2.2 悬浮液的配制及水热改性处理

第一步,将一定比例的磷酸溶液、B_4C(800目)、SiC(800目)、Al_2O_3(300目)依次加入水热反应釜中,搅拌使悬浮液均匀;第二步,将打磨过的C/C复合材料试样放入水热釜中,使其浸渍其中;第三步,拧紧水热釜,将其放入120~200 ℃的烘箱中保温一定时间,待保温结束后,将水热釜取出,自然冷却至室温;第四步,从釜中取出试样,用无水乙醇清洗其表面,在马弗炉中 300 ℃保温 10 h。

4.3　结构表征方法及氧化性能测试

4.3.1　结构表征

(1) X 射线衍射分析。具体分析方法及仪器见 3.3.1 节。

(2) 显微结构及能谱分析。具体分析方法及仪器见 3.3.1 节。

(3) X 射线光电子能谱。X 射线光电子能谱或称 X 光电子能谱(X - Ray Photoelectron Spectroscopy,XPS),又称电子能谱化学分析(ESCA)。它是一种用来研究物质表面的性质和状态的新型物理方法。此处描述的物质表面是指微观的原子表面层或其他粒子吸附层,其深度不超过 10 nm。该方法用 X 射线来轰击待测试物质的表面,从元素中激发出电子,测定其电子能量(二次电子)。不同元素的电子结合能不同,因此通过不同的电子结合能便能够了解元素的原子价态、表面原子组分等信息,从而对试样表面元素组成成分进行分析。

XPS 的主要应用是测定电子的结合能来实现对表面元素的定性分析,仪器简单,光谱解析简单。本章采用 PHI - 5702 型多功能 X 射线光电子能谱仪对改性后样品进行元素分析。XPS 采用 Al - Kα 线激发源,能量通过为 29.35eV,激发功率为 350 W,溅射电压为 3 kV,溅射时间为 20 min。用样品磁盘衬底 CNx 的 C1s 电子结合能 284.6 eV 作为校准能级。

4.3.2　氧化性能测试

氧化测试分析原理见 3.3.2 节。

4.4　结果分析与讨论

4.4.1　水热反应温度对改性 C/C 复合材料的影响

(1)改性 C/C 复合材料表面 XRD 物相分析。图 4 - 2 是在不同水热反应温度下改性后的 C/C 复合材料表面 XRD 图谱。从图中可以看出,经过水热改性后,C/C 复合材料表面均生成了 $Al(PO_3)_3$ 晶体。水热反应温度为 150 ℃时较水热反应温度为 120 ℃时试样表面生成的 $Al(PO_3)_3$ 相的衍射峰强度增强,且随着温度继续升高到 200 ℃,$Al(PO_3)_3$ 相衍射峰的强度逐渐降低。这说明当水热反应温度为 150 ℃时有利于 $Al(PO_3)_3$ 晶体的形成,继续升高水热反应温度则可能使 $Al(PO_3)_3$ 晶体部分熔融,从而使其结晶程度下降。

(2)改性 C/C 复合材料表面 XPS 分析。图 4 - 3 是在 200 ℃、体积填充比为 70%、水热处理 60 h 后的改性 C/C 复合材料表面的 X 射线光电子能谱图。图 4 - 3(a)为宽程扫描谱图,经过标定,谱图中各峰从左到右依次是 P2p3/2,B1s,C1s,O1s 谱线。图 4 - 3(b)为 P2p3/2 的窄扫描谱图,峰形对称,峰尖对应的电子结合能是 134.3eV,对应于 HPO₃ 的

P2p3/2 峰的电子结合能。图 4-3(c) 为 B1s 的窄扫描谱图,有两个 B1s 峰,电子结合能分别为 192.4eV 和 186.3eV,对应于 B_2O_3 和 B_4C 的 B1s 峰的电子结合能。图 4-3(d) 为 O1s 的窄扫描谱图。将其拟合成两个峰,结合能在 532.8eV 的峰对应于 B_2O_3 中的 O,结合能在 533.3eV 的峰对应于 HPO_3 中的 O。

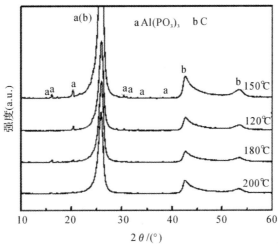

图 4-2　不同水热反应温度下改性后的 C/C 试样表面的 XRD 图谱

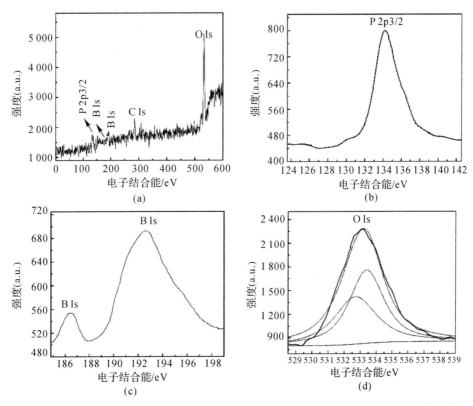

图 4-3　200 ℃水热改性并经 300 ℃热处理的 C/C 复合材料表面的 X 射线光电子能谱图

(a)宽程扫描;(b)P2p3/2 谱;(c)B1s 谱;(d)O1s 谱

根据 XPS 谱图分析,得知 B_2O_3 的生成是由于在水热条件下 B_4C 发生了如下反应:

$$B_4C + 8H_2O \xrightarrow{200\ ℃水热} 2B_2O_3 + 8H_2 \uparrow + CO_2 \uparrow \qquad (4-1)$$

HPO_3 和 $Al(PO_3)_3$ 的生成是由于 H_3PO_4 和 Al_2O_3 在 200 ℃水热处理和 300 ℃热处理条件下发生了如下反应:

$$H_3PO_4 \xrightarrow[300\ ℃热处理]{200\ ℃水热} HPO_3 + H_2O \qquad (4-2)$$

$$6HPO_3 + Al_2O_3 \xrightarrow[300\ ℃热处理]{200\ ℃水热} 2Al(PO_3)_3 + 3H_2O \qquad (4-3)$$

(3)改性 C/C 复合材料表面 SEM 图片及 EDS 能谱分析。图 4-4 是在不同温度下水热改性的 C/C 复合材料表面 SEM 图片及 EDS 能谱分析。从图中可以看出,当水热反应温度为 120 ℃时,改性后的试样表面被一些晶体颗粒覆盖,随着温度升高至 150 ℃,表面晶体的结晶状态变好。根据 EDS 能谱分析并结合 XRD,XPS 图谱分析得知:表面物质由玻璃态的 B_2O_3,HPO_3 和结晶态的 $Al(PO_3)_3$ 颗粒组成。随着温度继续升高,表面的 $Al(PO_3)_3$ 晶体颗粒开始熔融,当水热温度升高到 200 ℃时,表面生成的 $Al(PO_3)_3$ 较均匀地熔融在玻璃态的 B_2O_3 和 HPO_3 中。而且随着温度升高,基体表面的微孔隙及微裂纹等缺陷逐渐被玻璃态的 B_2O_3,HPO_3 和部分熔融的 $Al(PO_3)_3$ 填充,这些物质的存在为氧气进入材料内部提供了一层屏障,从而提高了材料的抗氧化性能。

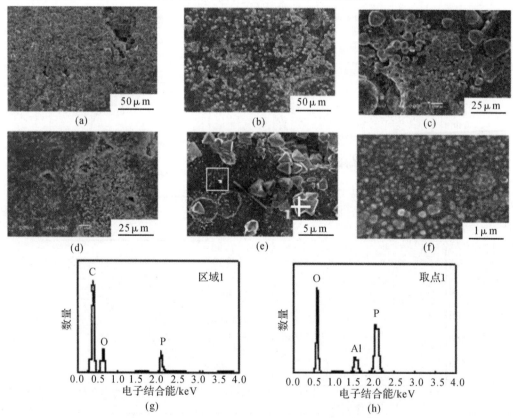

图 4-4 改性 C/C 复合材料表面 SEM 图片及 EDS 能谱分析
(a)120 ℃;(b)150 ℃;(c)180 ℃;(d)200 ℃;
(e)为图(b)的局部放大图;(f)为图(c)的局部放大图;(g)(h)为图(e)的 EDS 能谱分析

图4-5为在200 ℃、体积填充比为70％、水热处理60 h后的改性 C/C 复合材料的断面 SEM 图片及 EDS 能谱分析。从图中可以看出,C/C 复合材料的内部存在很多孔隙,经过水热改性处理后,材料内部的部分孔隙被填充。根据 EDS 能谱分析并结合 XRD 图谱、XPS 图谱分析得知,这些物质由 B_4C、SiC、$Al(PO_3)_3$、HPO_3 和 B_2O_3 组成。它们的存在阻塞了氧气向材料内部扩散的通道,从而有效地提高了材料的抗氧化性能。

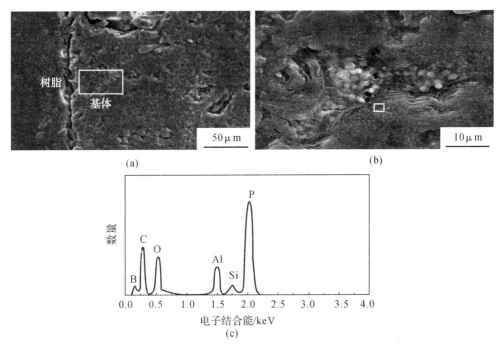

图4-5 改性 C/C 复合材料断面 SEM 图片及 EDS 能谱分析
(a)断面 SEM 图片;(b)图(a)的局部放大图;(c)图(b)的局部 EDS 面能谱分析

图4-6是在不同反应温度下水热改性的 C/C 复合材料在 700 ℃的恒温氧化失重曲线。从图中可以看出,未经过改性的 C/C 复合材料氧化质量损失与氧化时间呈线性关系,在 700 ℃经过 10 h 氧化后,其氧化失重率为 62.12％。改性后 C/C 复合材料的抗氧化性能明显提高,且在研究的水热反应温度范围内(120～200 ℃),随着水热温度的升高,复合材料的抗氧化性能逐渐提高,在 200 ℃水热改性处理 60 h 后(体积填充比为70％)的 C/C 复合材料的氧化失重率仅为 2.31％。

图4-7是不同水热温度下改性的 C/C 复合材料经过 10 h 氧化后的质量损失。从图中可以看出,经过相同时间的静态氧化后,随着水热温度的升高,复合材料的氧化质量损失逐渐减小,且水热温度与不同温度下改性的 C/C 复合材料试样的质量损失基本呈线性关系。

图4-8是改性试样在不同温度下(0～1 300 ℃)的非等温氧化测试曲线,试样在每个温度下恒温氧化 10 min。从图中看出,在 400 ℃以下,试样没有质量损失;随着温度升高,在 400～900 ℃温度范围内试样表现出轻微的质量损失;然而,随着温度继续升高,氧化质量损失迅速增大,水热改性处理对 C/C 复合材料抗氧化性能的提高幅度减小。综上所述,可知水热改性处理可以使 C/C 复合材料在 900 ℃以下工作温度范围内短时间服役。

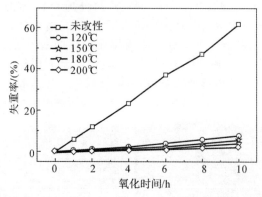

图 4-6　改性 C/C 复合材料在 700 ℃的恒温氧化失重曲线

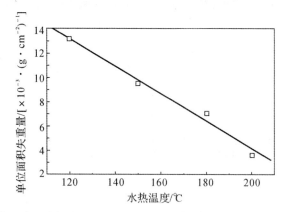

图 4-7　水热反应温度与改性 C/C 试样在 700 ℃恒温氧化 10 h 后质量损失的关系

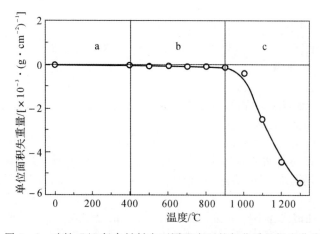

图 4-8　改性 C/C 复合材料在不同温度下的氧化质量损失曲线

4.4.2　水热釜体积填充比对改性C/C复合材料的影响

(1)水热釜体积填充比对改性C/C复合材料表面晶体结构的影响。图4-9是不同水热釜体积填充比下水热改性的C/C复合材料表面XRD图谱。从图中可以看出,经过水热改性处理后,XRD图谱中均出现$Al(PO_3)_3$相的衍射特征峰,说明在不同的水热釜体积填充比下,在改性C/C复合材料表面均有$Al(PO_3)_3$相生成。此外,XRD图谱中除了C/C复合材料的衍射峰外,未检测到其他物相。另外,当水热釜体积填充比为50%时,$Al(PO_3)_3$相的衍射特征峰强度较强;当水热釜体积填充比为60%时,衍射峰强度相对降低;随着水热釜体积填充比的继续增大至70%,$Al(PO_3)_3$相在部分晶面上的衍射峰已经消失,说明随着水热釜体积填充比的增大,$Al(PO_3)_3$晶体颗粒的结晶度逐渐下降。这可能是由于随着水热釜体积填充比的增大,在高温下(200 ℃)水热釜内的压强逐渐增大,导致结晶态的$Al(PO_3)_3$逐渐熔融,表现在XRD图谱中是晶体衍射峰的强度降低,甚至消失。

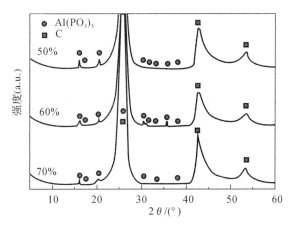

图4-9　不同体积填充比下水热改性的C/C复合材料表面XRD图谱

(2)改性C/C复合材料表面的SEM形貌分析。图4-10是经不同水热釜体积填充比的水热体系改性处理的C/C复合材料表面SEM图片(水热反应温度为200 ℃)。从图4-10(a)可以看出,C/C复合材料基体表面存在很多微孔隙和缺陷,改性后,材料表面被一些晶体颗粒和熔融态物质覆盖(见图4-10(b)(c))。经过EDS分析(见图4-10(d)(e)),并结合XRD物相分析(见图4-9)可知,晶体颗粒为$Al(PO_3)_3$,熔融态物质为HPO_3。当水热釜体积填充比为50%时,改性后材料表面只有一些小孔隙被填充,而大孔隙尚未被填充。随着水热釜体积填充比的增加,表面的孔隙逐渐被填充。当体积填充比为70%时,材料表面基本都被覆盖,这有利于基体抗氧化性能的提高。这可能是因为水热釜体积填充比较小时,在高温下釜内形成的压力较小,氧化抑制粒子进入材料内部孔隙的推动力小,因此,只能填充复合材料表面的部分小孔隙,并且氧化抑制粒子与复合材料的结合力不强,很容易在水热处理后的清洗过程中脱落;随着水热釜体积填充比的增大,高温下釜内压力增大,在大的推动力下,悬浮液中的氧化抑制粒子通过材料中的裂纹和开口气孔等缺陷渗透到材料内部,同时填充材料的表面孔隙。这些填充物具有良好的隔氧作用,可有效阻挡氧气在高温下对基体的侵蚀。

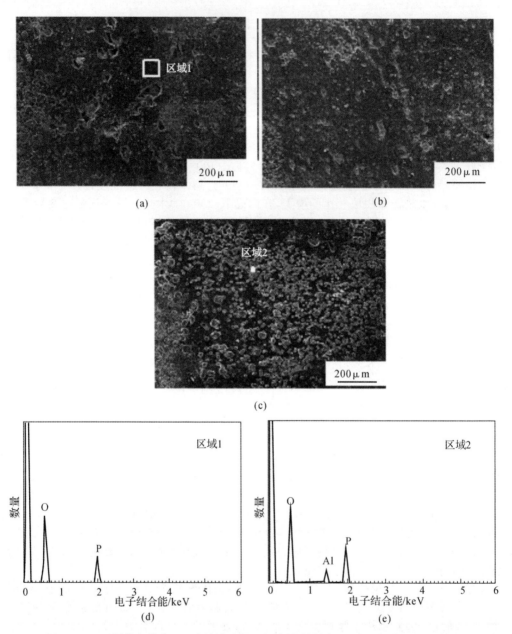

图 4-10 不同体积填充比下水热处理的 C/C 复合材料表面 SEM 图片及 EDS 分析
(a)50%；(b)60%；(c)70%；(d)是(a)的面扫描分析；(e)是(c)的面扫描分析

(3)改性 C/C 复合材料静态氧化分析。图 4-11 是不同体积填充比下水热改性的 C/C 复合材料在 700 ℃的等温氧化失重曲线。从图中可以看出，未经过改性的 C/C 复合材料的氧化质量损失随着氧化时间的延长而迅速增加，且氧化质量损失与氧化时间基本呈线性关系。经过水热改性处理后，C/C 复合材料的氧化反应速率相比未改性前大幅度降低，并且随着水热釜体积填充比的增大，改性 C/C 复合材料的氧化质量损失逐渐减小。

这表明随着水热釜体积填充比的增大,C/C 复合材料的抗氧化性能提高。这与 SEM 分析结果是一致的。

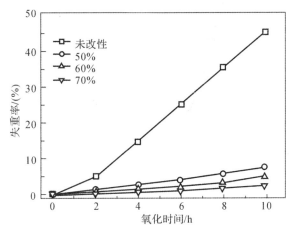

图 4 - 11　不同填充比下水热处理的 C/C 复合材料在 700 ℃的等温氧化失重曲线

4.4.3　水热处理时间对改性 C/C 复合材料的影响

(1)改性 C/C 复合材料表面的 SEM 形貌分析。图 4 - 12 是不同反应时间水热改性处理的 C/C 复合材料的表面 SEM 图片。从图中可以看出,水热处理时间对改性 C/C 复合材料的表面微观结构有很大影响。水热处理时间较短时,在压力和温度作用下渗透到材料内部的 SiC,B_4C,HPO_3,B_2O_3 以及 $Al(PO_3)_3$ 的量比较小,只能填充 C/C 复合材料表面和内部的部分孔隙。如图 4 - 12(a)所示,当水热时间为 24 h 时,材料表面的小孔隙被填充,而大孔隙中只有少量的粒子填充进去;随着水热处理时间的延长,更多的氧化抑制粒子在压力和温度作用下渗透到材料内部,表面未被填充的孔隙数目也逐渐减小,并且随着处理时间延长,$Al(PO_3)_3$ 晶体开始熔融并均匀地分散于中;当水热处理时间为 60 h 时,$Al(PO_3)_3$ 基本均匀地分散在玻璃态的 HPO_3 和 B_2O_3 中,材料的表面变得完整,几乎看不到孔隙(见图 4 - 12(c)),这为氧气进入材料内部起到屏障作用。

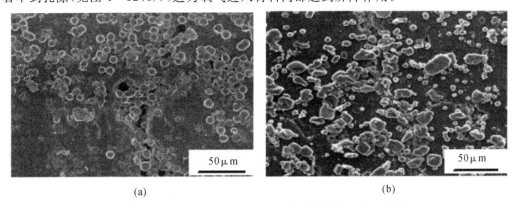

(a)　　　　　　　　　　　　　　　(b)

图 4 - 12　不同时间水热处理的 C/C 复合材料表面 SEM 图片

(a)24 h;(b)50 h

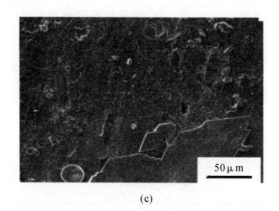

(c)

续图 4-12　不同时间水热处理的 C/C 复合材料表面 SEM 图片

(c)60 h

　　(2)改性 C/C 复合材料静态氧化分析。图 4-13 是不同时间下水热改性处理的 C/C 复合材料在 700 ℃的等温氧化失重曲线。从图中可以看出,随着水热处理时间的延长,C/C 复合材料的氧化质量损失减小,抗氧化性能逐渐提高。改性处理 72 h 的 C/C 复合材料在 700 ℃的静态空气中氧化 10 h 后,氧化质量损失仅为 2.31%。然而,随着水热处理时间的继续延长,C/C 复合材料的抗氧化性能提高的幅度逐渐减小。当水热处理时间增加至 60 h 时,材料的抗氧化性能随水热处理时间的延长变化不再明显。

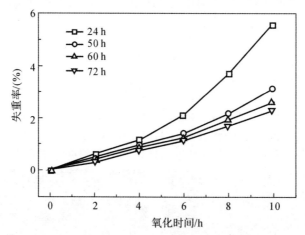

图 4-13　不同时间水热改性处理的 C/C 复合材料在 700 ℃的
等温氧化失重曲线(体积填充比为 70%)

4.5　本章小结

　　(1)以分析纯磷酸,B_4C,SiC 和 Al_2O_3 粉料组成的悬浮液作为前驱体,采用水热法对 C/C 复合材料基体改性,使材料的抗氧化性能大幅度提高。

(2)经过水热改性处理，C/C 复合材料表面缺陷被玻璃相 B_2O_3，HPO_3 和微晶 $Al(PO_3)_3$ 所组成的涂层所覆盖。经水热温度为 200 ℃、水热釜体积填充比为 70%、水热改性 60h 的 C/C 复合材料在 700 ℃的空气中氧化 10 h 后的失重率仅为 2.31%。

(3)C/C 复合材料的抗氧化性能随着水热反应温度、保温时间和水热釜体积填充比的增加而提高。水热改性能在 800 ℃以内的温度范围对 C/C 复合材料基体进行保护。

第5章
溶胶-凝胶/水热法改性C/C 复合材料的研究

5.1 实验原料及仪器

为了减少杂质离子在高温对C/C复合材料的催化氧化作用,所采用的原料尽可能为分析纯。本实验中选用的主要原料见表5-1。

表5-1 实验中涉及的主要化学试剂

序 号	原料名称	分子式	生产厂家	等 级
1	无水乙醇	C_2H_5OH	西安三浦精细化工厂	分析纯
2	正硅酸乙酯	$(C_2H_5O)_4Si$	西安三浦精细化工厂	化学纯
3	三氧化二硼	B_2O_3	天津市博迪化工有限公司	分析纯

实验中采用的主要实验仪器见表5-2。

表5-2 实验中使用的主要仪器

序 号	设备名称	生产厂家	型 号
1	超声波清洗器	昆山市超声仪器有限公司	KQ-50E
2	恒温磁力搅拌器	常州国华电器有限公司	85-1
3	万分之一分析天平	杭州汇尔仪器设备有限公司	FA2004
4	高温箱型电阻炉	上海实验电炉厂	SR1X2-1-70
5	可控硅温度控制器	上海实验电炉厂	SKY-12-16S
6	调温调湿箱	上海电理仪器厂	
7	温度指示控制仪	上海电理仪器厂	WMZK-2
8	电热真空干燥箱	上海实验仪器厂有限公司	ZKF030
9	双头快速研磨机	陕西咸阳科力陶瓷研究所	SK-II
10	电子天平	余姚市金诺天平仪器有限公司	TD
11	电热鼓风干燥箱	上海实验仪器厂有限公司	101A-1
12	数字式pH计	上海日岛科学有限公司	PHS-2C
13	水热反应釜	实验室自制	

水热改性用的反应釜为实验室特制,内衬由聚四氟乙烯工程塑料做成,外套由不锈钢

材质做成,其结构示意图如图5-1所示。

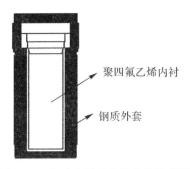

　　　　　　　　　　　　　　　聚四氟乙烯内衬

　　　　　　　　　　　　　　　钢质外套

图5-1　实验中所用水热釜的示意图

5.2　C/C复合材料基体抗氧化改性过程

5.2.1　C/C基体材料的制备

　　实验试样采用等温化学气相渗透(Chemical Vapor Infiltration,CVI)法制备的二维(two dimensional,2D)碳纤维增强 C/C 复合材料[48],密度为 1.70 g/cm³,开气孔率为 11.8%。将试样切成大小为 10 mm×8 mm×6 mm 的块状,依次用 400 目、800 目、1 000 目的砂纸打磨,然后分别用无水乙醇和蒸馏水在超声波清洗器中清洗,最后在干燥箱中 110 ℃干燥 2 h,放置,待用。

5.2.2　溶胶的配制

　　将一定比例的正硅酸乙酯(tetraethyl orthosilicate,TEOS)、无水乙醇、蒸馏水依次加入烧杯,置于恒温磁力搅拌器上搅拌 3.5～5h,使其成为无色透明溶液,然后用稀 HCl 调节溶液,使得溶液的 pH 值在 4.30～4.80 范围内,溶液中发生的反应如下:$(C_2H_5O)_4Si+H_2O \longrightarrow (C_2H_5O)_nSi(OH)_{4-n}+C_2H_5OH(n=1,2,3) \longrightarrow Si(OH)_4$,得到硅溶胶。在上述硅溶胶中再添加 10% 的 B_2O_3 微粉(300 目),搅拌均匀,以作对比研究。

5.2.3　水热处理和煅烧

　　第一步,在室温下,将配制好的添加和不添加 B_2O_3 微粉的溶胶加入到水热釜中,控制水热釜体积填充比为 67%。第二步,将上述处理过的 C/C 复合材料样品浸泡于溶胶中,密封水热反应釜,将水热釜放入烘箱,从室温开始快速升温,到预定温度(60～220 ℃)后保温一定时间,期间釜内压力升高并随温度不同而变化。第三步,水热釜随炉冷却至室温。第四步,将样品从水热釜中取出后,表面经蒸馏水清洗再放入烘箱中于 110 ℃干燥 1 h。第五步,在 N_2 气氛中,以 10 ℃/min 的升温速率从室温升至 800 ℃煅烧 30 min。

　　水热改性工艺流程如图5-2所示。

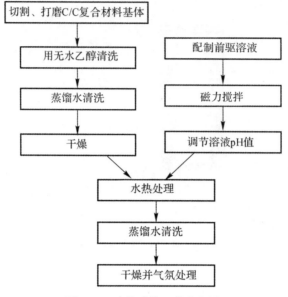

图 5-2　水热改性工艺流程图

5.3　结构表征方法及氧化性能测试

5.3.1　结构表征

（1）X 射线衍射分析。具体分析方法及仪器见 3.3.1 节。

（2）显微结构及能谱分析。具体分析方法及仪器见 3.3.1 节。

（3）TG-DSC 分析（热重-差热分析）。物质被加热、冷却时不仅热效应明显,还同时伴有质量改变。物质质量变化程度受其组成和结构的影响很大。利用此特点来鉴别物质的方法称为热重法。由试样测试过程中的质量变化与时间（温度）之间的关系作为函数,分析获得的谱线即为热重分析谱线图。

物质加热时会出现失水、分解、相变等一系列物理化学变化,通过对这些行为的精确记录测定,以及对物质组成、反应机理的分析判断的方法称为差热分析法。它在地质、冶金、材料以及其他科研领域均有应用。

采用型号为 NETZSCH STA409PC 的 TG-DSC 热分析仪对改性后复合材料进行热重-差热（thermogravimetric - differential scanning calorimetry）分析。

（4）密度和显气孔率测试。试样体积密度的测定基于阿基米德原理,而显气孔率的测定则是在密度测定的基础上,采用液体静力称量法计算得到的。所用天平为光电分析天平,精度为 0.1mg。具体步骤如下:

1）在精密电子天平上称取干燥后的试样,即试样空气中质量 m_1。

2）将试样放入烧杯中加水至试样完全浸没,加热至沸腾后,保持微沸状态 1 h,然后冷却至室温。

3)将上述试样轻轻放入电子天平的吊篮中,同时浸没在液体中称试样的质量 m_2。

4)从浸液中取出试样用湿毛巾小心擦去表面多余的液滴,注意不能把气孔中的液体吸出,立即称出在空气中的饱和质量 m_3。有

$$\rho = \frac{m_1}{m_3 - m_2} \tag{5-1}$$

$$P_a = \frac{m_3 - m_1}{m_3 - m_2} \times 100\% \tag{5-2}$$

式中　ρ——密度;

　　　P_a——显气孔率。

5.3.2　氧化性能测试

氧化测试分析原理见 3.3.2 节。

5.4　结果分析与讨论

5.4.1　硅凝胶的 TG－DSC 分析和改性 C/C 复合材料表面物相分析

图 5－3 为经过硅溶胶水热处理和 800 ℃煅烧 30 min 后 C/C 复合材料的表面 XRD 图谱。从图中可以看出,复合材料表面的 XRD 图谱显示有 SiO_2 相的衍射峰,说明硅凝胶经处理后最终产物为 SiO_2,而添加 B_2O_3 粉的硅凝胶经处理后的复合材料表面除了 SiO_2 相,还存在 B_2O_3 相,表明添加的 B_2O_3 微粉与水反应生成了 H_3BO_3 后,经过 800 ℃煅烧后又脱水变成了晶态的 B_2O_3。

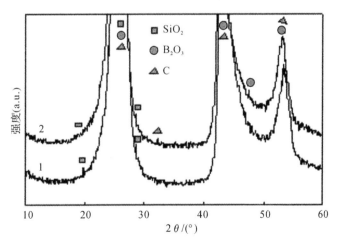

图 5－3　水热处理和 800 ℃煅烧 30 min 后复合材料表面的 XRD 图谱

注:曲线 1,2 分别为未添加和添加 B_2O_3 粉的硅溶胶在 160 ℃水热处理改性 24 h 的改性 C/C 复合材料

图 5-4 为硅凝胶的 TG-DSC 曲线。硅凝胶是硅溶胶经 160 ℃ 水热处理 12 h 后,将釜中残存的凝胶在烘箱中经过 80 ℃ 短时间预处理后的干凝胶。TG 曲线在室温~100 ℃间质量损失率约为 12%,相应地,DSC 曲线在 79 ℃ 出现一个吸热峰,是由于样品中未完全挥发的溶剂在该温度下发生脱附而形成的。随着温度升高,在 272.4 ℃ 处出现一个小的吸热峰,这主要是由于凝胶中残余有机基团的分解。在 495.5 ℃ 处出现的放热峰显示无定形态 SiO_2 已产生晶化。随着温度升高,α 相 SiO_2 向 β 相 SiO_2 转变,与 621.0 ℃ 处的放热峰相对应。

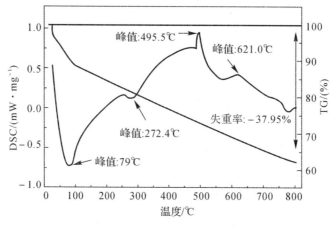

图 5-4　硅凝胶的 TG-DSC 曲线

5.4.2　改性 C/C 复合材料的密度和开气孔率

改性后 C/C 复合材料的密度和开气孔率见表 5-3。从表中看出,改性后复合材料的密度相对未改性前($1.70\ g/cm^3$)都有所增加,开气孔率相对减小。经过单独硅溶胶/凝胶和添加 B_2O_3 微粉的硅溶胶/凝胶改性后的 C/C 复合材料的密度分别为 $1.76\ g/cm^3$ 和 $1.81\ g/cm^3$,开气孔率分别为 10.5% 和 9.6%。

表 5-3　改性后的复合材料密度、开气孔率一览表

试　样	密度/($g \cdot cm^{-3}$)	开气孔率/(%)
1	1.76	10.5
2	1.81	9.6

注:1 号试样是经过未添加 B_2O_3 微粉的硅溶胶改性后的 C/C 复合材料,2 号试样是为经过添加 B_2O_3 微粉的硅溶胶改性的 C/C 复合材料。

5.4.3　水热反应时间对 C/C 复合材料的抗氧化性能的影响

图 5-5 为硅溶胶在 160 ℃、经不同时间水热处理改性 C/C 复合材料试样在 500 ℃的等温氧化失重曲线。由图 5-5 可以看出,经过改性的样品比未经过改性的样品的抗氧化性能明显提高。改性样品的氧化质量损失随氧化时间的延长缓慢增加,氧化质量损失

速率明显降低。随着水热反应时间的增加,样品的氧化质量损失减少,抗氧化性能逐渐提高。当水热反应时间较短时,在压力和温度作用下渗透到材料内部的硅溶胶量较少,只能填充C/C复合材料内部的部分缺陷;适当地延长反应时间使渗透进入材料内部的硅溶胶含量增多,填充更多的表面和内部缺陷,有利于抗氧化性能的提高。当水热时间延长至24 h后,浸渍达到一个平衡,之后,硅溶胶的渗入量随反应时间延长变化不明显,相应地,材料的抗氧化性能变化也不明显。

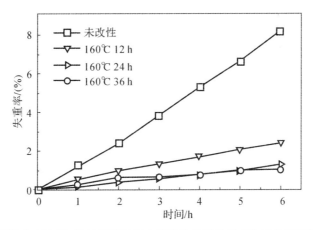

图5-5 硅溶胶在160 ℃、经过不同时间水热改性的试样在500 ℃的等温氧化失重曲线

5.4.4 水热反应温度对C/C复合材料的抗氧化性能的影响

图5-6为硅溶胶经过不同温度水热处理的改性C/C复合材料在500 ℃的等温氧化失重曲线。由图5-6可以看出,样品的抗氧化性能和温度有密切关系,随着水热温度的升高,材料的抗氧化性能呈现先降低、后提高的趋势。这是由于低温时硅溶胶向凝胶转变的速度较慢,流动性好,很容易扩散并填充复合材料内部孔隙等缺陷;水热处理温度升高后,样品的抗氧化性能有所下降,这是由于水热温度提高后,硅溶胶的水解-缩聚作用加强,溶胶向凝胶转变速度加快,硅溶胶存在的时间变短,胶体的流动性迅速降低,因此,很难渗入材料内部。但是随着温度继续升高时,材料氧化质量损失又趋于减小,这可能是以下两个原因造成的:一是釜内压强增大,硅凝胶解聚速度加快[49],解聚变为溶胶态;二是温度升高,粒子扩散速率加快,这些都有利于物质进入材料内部,填充内部缺陷,从而减少氧化质量损失。

5.4.5 B₂O₃的添加对C/C复合材料的抗氧化性能的影响

图5-7为添加B_2O_3微粉的硅溶胶在160 ℃水热处理的改性C/C复合材料在500 ℃的等温氧化失重曲线。由图5-7可以看出,在硅溶胶中加入B_2O_3微粉后,样品的抗氧化性能明显提高。在500 ℃经过5 h氧化后,样品没有出现质量损失。这说明B_2O_3微粉的加入有利于改性C/C复合材料基体,能明显提高其在低温下的抗氧化性能。

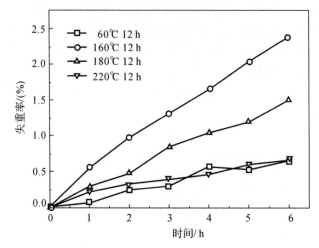

图 5-6　硅溶胶在不同温度水热处理 12 h 改性的试样在 500 ℃的等温氧化失重曲线

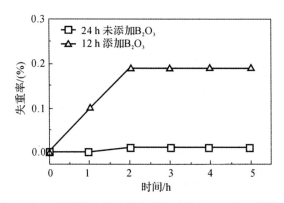

图 5-7　添加 B_2O_3 的硅溶胶水热改性处理的试样在 500 ℃的等温氧化失重曲线

　　图 5-8 是添加 B_2O_3 微粉的硅溶胶水热改性的 C/C 复合材料的 SEM 图片和元素线扫描分析。通过对试样断面进行扫描分析(见图 5-8(a)),可以发现,C/C 复合材料内部的一些小孔隙已完全被水热渗透的 B_2O_3 和硅溶胶等物质填充,但尚有较大的孔隙不能被完全填充。通过面扫描能谱分析,改性后 C/C 复合材料断面的元素组成见表 5-4。可见,大量的 B_2O_3 已经渗入 C/C 复合材料基体内部。此外,还有部分硅溶胶也一起渗入基体。进一步分析发现,B_2O_3 和硅溶胶的最终产物 SiO_2 主要集中在碳纤维和碳基体的界面处,如图 5-8(b)(c)所示。B_2O_3 在 500 ℃下就熔融铺展[50],有效地抑制了复合材料的氧化,提高了其抗氧化性能。

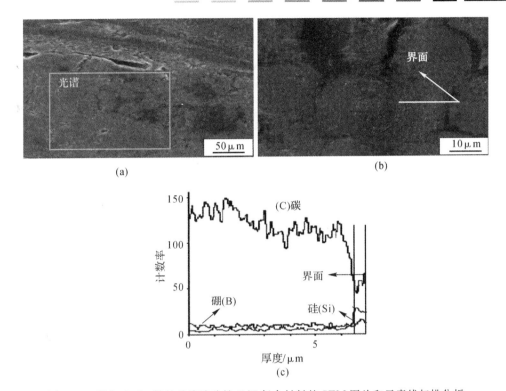

图 5-8　添加 B_2O_3 粉的硅溶胶改性 C/C 复合材料的 SEM 图片和元素线扫描分析
(a)断面;(b)表面;(c)表面线扫描分析

表 5-4　添加 B_2O_3 微粉的硅溶胶改性后的 C/C 复合材料断面元素组成

元　素	质量分数/(%)	摩尔分数/(%)
B	6.71	7.60
C	82.87	84.58
O	9.91	7.59
Si	0.52	0.23

5.5　本章小结

(1)硅溶胶水热处理法是一条较好的改进 C/C 基体抗氧化性能的途径,经过改性,C/C 复合材料的抗氧化性能大幅度提高。

(2)在 60~220 ℃的水热温度处理范围内,随着水热处理温度的升高,C/C 复合材料的抗氧化性能呈现先降低、后升高的趋势。

(3)在水热处理温度为 160 ℃下,适当延长反应时间,C/C 复合材料的抗氧化性能逐渐提高。

(4)添加了 B_2O_3 微粉的硅溶胶水热处理改性的 C/C 复合材料的抗氧化性能明显提高,其在 500 ℃氧化 5 h 后,没有产生氧化质量损失。

第6章
硼化物-硼酸盐溶剂热改性C/C复合材料及其性能研究

6.1 实验原料及仪器

实验中采用的主要实验原料见表6-1。因原料中杂质元素可能对C/C复合材料催化氧化,所用原料基本为分析纯。

表6-1 实验中涉及的主要化学试剂

序 号	原料名称	分子式	生产厂家	等 级
1	无水乙醇	C_2H_5OH	西安三浦精细化工厂	分析纯
2	硼酸三正丁酯	$C_{12}H_{27}BO_3$	国药集团化学试剂有限公司	化学纯
3	乙酸	C_2H_5COOH	天津市风船化学试剂有限公司	分析纯
4	三氧化二硼	B_2O_3	北京化工厂	分析纯
5	碳化硼	B_4C	上海化学试剂站分装厂	分析纯

实验中采用的主要实验仪器见表6-2。

表6-2 实验中使用的主要仪器

序 号	设备名称	生产厂家	型 号	规格及技术参数
1	超声波清洗器	昆山市超声仪器有限公司	KQ-50E	20~80 ℃
2	电子分析天平	德国赛多利斯集团	TE124S	120 g/0.1 mg
3	恒温磁力搅拌器	德国IKA公司	RH Basic1	
4	高温箱型电阻炉	上海实验仪器厂	SR1X2-1-70	180 mm×200 mm×800 mm
5	可控硅温度控制器	上海实验电炉厂	SKY-12-16S	20~1 600 ℃
6	电热真空干燥箱	上海实验仪器厂有限公司	ZKF030	300 mm×300 mm×300 mm
7	双头快速研磨机	陕西咸阳科力陶瓷研究所	SK-Ⅱ	500 r/min
8	电子天平	余姚市金诺天平仪器有限公司	TD	1 000 g
9	电热鼓风干燥箱	上海实验仪器厂有限公司	101A-1	20~220 ℃
10	数字式pH计	上海日岛科学有限公司	PHS-2C	
11	水热反应釜	郑州杜甫仪器厂	HCF-21	25 mL

6.2 溶剂热处理C/C复合材料改性过程

6.2.1 C/C基体材料的制备

实验采用的C/C复合材料基体是由等温化学气相渗透(CVI)法制备的2D C/C复合材料,密度为1.70 g/cm³,取自于民航飞机刹车片。

首先将C/C复合材料试样切成大小为8 mm×8 mm×3 mm的块状。然后将试样用240目的粗砂纸进行预打磨,使之表面平整,接着用600目、800目、1200目的碳化硅(SiC)细砂纸在双头快速研磨机上打磨,直到试样表面光滑,无明显缺陷为止。最后将各个边角进行倒角抛光直至光滑过度无棱角。

由于在打磨过程中会有大量的碳颗粒粉末附着在基体表面,单纯的人工清洗无法将其完全除去。而使用超声波清洗时,利用超声波清洗器发射的超声波,通过能量转换装置将其转变为高频率的机械波,使得清洗溶剂中的机械震荡波向前辐射,在超声波的作用下振动。液体碰撞产生的大量空化核随声压的变换能大小发生变化,声压增大造成空化核迅速增长并闭合,而闭合时产生的冲击波能在其周围产生极大压力,破坏污物并使它们分散于清洗溶剂中,从而达到表面净化的目的。本实验中,分别用乙醇和蒸馏水在超声清洗仪中清洗试样,最后于110 ℃干燥2 h,备用。

6.2.2 配置液相前驱物及溶剂热改性过程

(1)配制硼酸盐溶胶前驱物。将硼酸三正丁酯、无水乙醇、乙酸和去离子水,按照一定的体积比配制成为溶液,然后通过改变它们之间的加入量比例来配制溶胶,得到稳定均一的硼酸盐溶胶的工艺参数条件。配制溶胶过程中改变的工艺参数和得到的溶液形态见表6-3~表6-5。

表6-3 乙酸加入量对溶胶稳定性的影响

硼酸三正丁酯/mL	无水乙醇/mL	36%乙酸/mL	溶胶稳定性
2	12	3	透明溶液
2	12	4	透明溶液
2	12	5	透明溶胶
2	12	6	透明溶胶
2	12	7	白色沉淀

表6-4 硼酸三正丁酯加入量对溶胶稳定性的影响

硼酸三正丁酯/mL	无水乙醇/mL	36%乙酸/mL	溶胶稳定性
2	12	6	透明溶胶
3	12	6	透明溶胶

续 表

硼酸三正丁酯/mL	无水乙醇/mL	36%乙酸/mL	溶胶稳定性
4	12	6	透明溶胶
5	12	6	白色沉淀
6	12	6	白色沉淀

表 6-5 无水乙醇加入量对溶胶稳定性的影响

硼酸三正丁酯/mL	无水乙醇/mL	36%乙酸/mL	溶胶稳定性
4	8	6	白色沉淀
4	9	6	白色沉淀
4	10	6	白色沉淀
4	11	6	白色沉淀
4	12	6	透明溶胶

根据实验得出,当硼酸三正丁酯加入量为 4 mL,无水乙醇加入量为 12 mL,乙酸(36%)加入量为 6 mL 时,能得到稳定均一的透明溶胶,将此工艺条件下制备的溶胶作为后续实验的前驱物使用。

(2)添加硼化物微粉的溶剂热改性及后处理。将利用溶胶-凝胶法制备的硼酸盐溶胶前躯体、固体氧化抑制剂(B_4C(180 目)、B_2O_3(180 目))微粉按照一定的加入比例混合均匀,盛放在烧杯中于磁力搅拌器上搅拌一段时间,使其形成一定时间内的悬浮溶液,将制备好的悬浮溶液注入溶剂热反应釜中,控制溶液填充比为 66.7%。然后把 C/C 基体试样浸渍到悬浮溶液中,密封溶剂热反应釜,将其置于精密恒温烘箱中,进行不同溶剂热温度和溶剂热时间条件下对 C/C 基体的改性处理。同时进行对比实验,在室温条件下,将试样浸渍于制备好的悬浮液中,静置时间与溶剂热反应时间相同,得到未经过溶剂热处理改性的基体。待改性过程结束后,将反应釜从烘箱中取出,自然冷却至室温,取出试样,在气氛反应炉中于 450 ℃氩气(纯度 99.9%)保护下,保温 2 h 即得到改性后的 C/C 基体试样。溶剂热改性 C/C 复合材料基体的工艺流程如图 6-1 所示。

6.2.3 主要实验内容

本章主要研究添加不同的硼化物(如 B_2O_3,B_4C)作为氧化抑制剂,以及溶剂热工艺因素对 C/C 复合材料进行改性的影响,包括硼化物的添加含量、溶剂热时间、溶剂热温度、同时添加多种硼化物之间的加入比例等因素对改性后 C/C 基体的物相组成、显微结构、抗氧化性能等方面的影响。对 C/C 复合材料基体的不同处理方法见表 6-6。

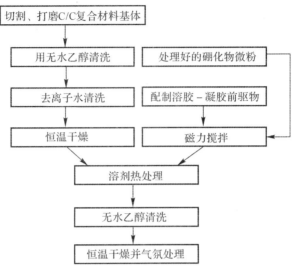

图 6-1　溶剂热改性工艺流程图

表 6-6　对基体的不同处理方法一览表

(a)纯硼酸盐溶胶反应体系,填充比为 66.7%

序　号	溶剂热温度/℃	溶剂热时间/h
0	0	0
1	80	24
2	100	24
3	120	24
4	140	24
5	160	24
6	140	12
7	140	36
8	140	48
9	140	60

(b)添加 B_2O_3 的硼酸盐溶胶体系,填充比为 66.7%

序　号	溶剂热温度/℃	溶剂热时间/h	B_2O_3 加入量/(%)
0	0	0	10
1	120	24	2
2	120	24	5
3	120	24	10

续 表

序 号	溶剂热温度/℃	溶剂热时间/h	B_2O_3 加入量/(%)
4	120	24	15
5	140	12	10
6	140	24	10
7	140	48	10
8	140	72	10
9	80	24	10
10	100	24	10
11	160	24	10
12	160	48	10

(c)添加 B_4C 的硼酸盐溶胶体系,填充比为 66.7%

序 号	溶剂热温度/℃	溶剂热时间/h	B_4C 加入量/(%)
0	0	0	10
1	140	48	2
2	140	48	5
3	140	48	10
4	140	48	15
5	140	12	10
6	140	36	10
7	140	72	10
8	100	48	10
9	120	48	10
10	160	48	10

(d)添加 B_2O_3、B_4C 的硼酸盐溶胶体系,固体改性剂含量10%,填充比为 66.7%

序 号	溶剂热温度/℃	溶剂热时间/h	B_2O_3 与 B_4C 加入比例
0	0	0	2∶1
1	120	48	4∶1
2	120	48	3∶1
3	120	48	2∶1
4	120	48	1∶1
5	120	48	1∶2

续　表

序　号	溶剂热温度/℃	溶剂热时间/h	B_2O_3 与 B_4C 加入比例
6	140	12	2∶1
7	140	24	2∶1
8	140	48	2∶1
9	140	72	2∶1
10	100	48	2∶1
11	160	48	2∶1

　　本章在水热的基础上,采用有机硼酸盐溶胶作为前驱物,无水乙醇作为液相介质,利用溶胶-凝胶结合溶剂热技术,以期在相同的改性温度下,获得较水热体系更高的处理压力。在这种高温高压体系环境中,前驱物处于超临界状态,形成超临界流体——一种气液两相共存的特殊物质,流体在这种状态下有良好的流动性,可以在C/C基体试样中的孔隙中渗透,氧化抑制剂被流体输送到这些缺陷处,对这些氧化活性点进行填充,未能渗透进入C/C基体的氧化抑制剂也会被输送到基体表面形成氧化抑制层[51]。这就是我们利用溶胶-凝胶结合溶剂热技术改性C/C复合材料的基本原理。本方法工艺简单,可操作性强,氧化抑制剂对改性后的C/C基体的力学性能几乎没有影响。

6.3　结构表征方法及氧化性能测试

6.3.1　结构表征

　　(1)X射线衍射分析。具体分析方法及仪器见3.3.1节。

　　(2)显微结构及能谱分析。具体分析方法及仪器见3.3.1节。

　　(3)X射线光电子能谱。具体分析方法及仪器见4.3.1节。

　　(4)拉曼光谱分析。拉曼光谱是利用拉曼效应,把处于红外区的分子能谱转移到可见光区来观测得振动。利用激光作为光源可增加拉曼效应的强度,获得的光谱称为激光拉曼光谱。光到达样品上发生瑞利散射的光谱中获得的与入射光频率不同的光总强度占入射光的1%左右,即拉曼谱线。通过测定这类光谱谱线频率的改变,可得到相关信息。而拉曼光谱分析可以用很低的频率进行测试。

　　(5)热重-差热分析。具体分析方法及仪器见5.3.1节。

6.3.2　氧化测试分析

　　氧化测试分析原理见3.3.2节。

6.4 硼酸盐溶胶体系溶剂热改性 C/C 复合材料的工艺因素、结构表征及性能研究

6.4.1 溶剂热温度对改性 C/C 基体的影响

（1）改性基体的 XRD 物相分析。图 6-2 为不同温度下、保温 24 h，采用硼酸盐溶胶作为前驱物和氧化抑制剂改性处理后的 C/C 基体表面的 XRD 图谱。从图中可以看出，不同温度下，热处理后的 C/C 基体表面都不同程度地被 B_2O_3 相所覆盖，但是其衍射峰强度随着热处理温度的上升呈现的是先增大后减弱的趋势。这说明随着热处理温度的上升，B_2O_3 晶体生长趋于完整，但是当温度继续升高时，在溶剂热体系高温高压的共同作用下，部分 B_2O_3 晶体发生熔融现象，导致了 B_2O_3 相的 XRD 衍射峰强度发生了不同程度的降低。

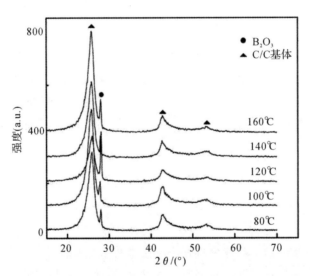

图 6-2 硼酸盐溶胶下，不同溶剂热温度保温 24 h 改性 C/C 复合材料基体的表面 XRD 图谱

（2）改性基体的显微结构。不同温度下，热处理后的 C/C 复合材料基体的表面均被一层物质所覆盖。但是覆盖层的致密程度、均匀程度、孔隙率都有所区别。经 80 ℃ 溶剂热处理后的 C/C 复合材料基体表面覆盖层平整度较差，有少量微晶颗粒弥散于覆盖层中，微晶颗粒的粒度较小且形状不规则（见图 6-3(a)）。而经 100 ℃ 溶剂热处理后的C/C复合材料基体表面覆盖物平整度较 80 ℃ 热处理试样有所改善，覆盖层中的晶体颗粒有所长大，晶粒尺寸增大（见图 6-3(b)）。继续升高温度至 120 ℃ 时，处理后 C/C 基体表面覆盖层中晶体颗粒明显，且尺寸较大，有了较为完整的晶型，但是由于在体系中发生了部分熔融，晶粒边缘较为光滑。随着溶剂热处理温度的继续上升，C/C 试样的表面覆盖层平整度进一步上升，晶粒尺寸又出现了明显下降，覆盖层的致密度良好，孔隙率较低。这些

与之前 XRD 图谱中的现象是一致的。形成覆盖层的机理是硼酸盐溶胶在溶剂体系中发生着水解缩聚动态平衡过程,其过程可由以下三式来描述:

$$B(OC_4H_9)_3 + nH_2O \longrightarrow B(OC_4H_9)_{(3-n)}(OH)_n + nC_4H_9OH \qquad (6-1)$$

$$2B(OC_4H_9)_3 + 3H_2O \longrightarrow B_2O_3 + 6C_4H_9OH \qquad (6-2)$$

$$2B(OC_4H_9)_{(3-n)}(OH)_n \longrightarrow [B(OC_4H_9)_{(3-n)}(OH)_{(n-1)}]_2O + H_2O \qquad (6-3)$$

可以看出,在液相体系中硼溶胶水解形成的中间产物,由于高温高压的作用能够向 C/C 复合材料基体内部的孔隙和微裂纹中扩散,但是当这种扩散过程到达平衡状态时,未能扩散进入基体内部的氧化抑制剂将沉积在 C/C 基体的表面形成氧化抑制层(见图6-3(f))。

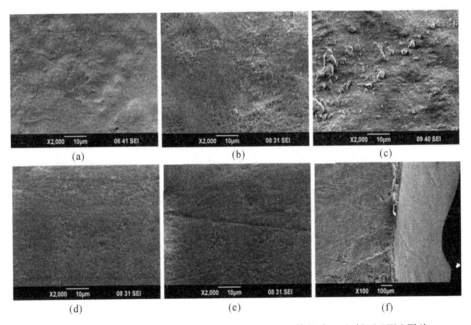

图6-3 不同溶剂热温度改性后 C/C 复合材料基体的表面和断面 SEM 图片
(a)80 ℃;(b)100 ℃;(c)120 ℃;(d)140 ℃;(e)160 ℃;(f)120 ℃

(3)改性基体的抗氧化性能。图 6-4 为不同热处理温度改性后 C/C 复合材料基体在 600 ℃下的氧化失重曲线。从图中可以看出,随着溶剂热处理温度的上升,C/C 复合材料基体的抗氧化性能呈现先下降后上升的趋势。这是由于低温时硼酸盐溶胶转变成凝胶较慢,流动性好,很容易扩散并填充基体内部和表面的孔隙和微裂纹等缺陷。提高溶剂热处理温度后,基体的抗氧化性降低,是因为处理温度上升以后,硼酸盐溶胶的水解缩聚反应变得强烈,溶胶加快了向凝胶状态的转变,硼酸盐溶胶形态时间缩短,形成的凝胶流动性不佳,此时的状态很难向基体内渗入。但是当溶剂热温度继续上升,基体抗氧化性能又有所提升,出现此种情况有以下可能因素:

1)温度上升造成反应器的内压力上升,凝胶发生解聚反应又转变为溶胶状态;

2)温度上升使得粒子的布朗运动加剧,粒子向基体内部的扩散过程加剧,有利于氧化抑制剂进入基体内部,填充缺陷,有利于对基体的氧化保护,降低氧化失重的程度。

根据组织结构和抗氧化性能综合考虑,较高的溶剂热温度(160 ℃)具有较优的改性效果。

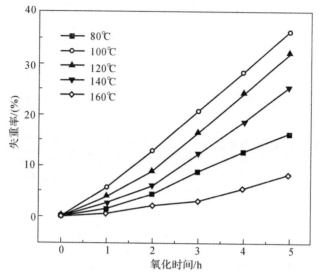

图 6-4　不同热处理温度改性后 C/C 复合材料基体在 600 ℃下的氧化失重曲线

6.4.2　溶剂热时间对改性 C/C 基体的影响

(1)硼溶胶前驱物的 TG-DSC 曲线分析。图 6-5 为用于改性 C/C 复合材料所使用的溶胶前驱物经过溶剂热处理后的热重-差热分析曲线图。通过该图,可以对前驱物的热力学行为进行分析。图中存在一个大且宽的放热峰以及三个吸热峰。其中,130 ℃位置出现的吸热峰是由吸附水的脱去行为以及有机物受热分解行为所造成的;158 ℃位置出现的吸热峰是由结构水的分解行为造成的;290 ℃位置的吸热峰是由于形成 B_2O_3 而出现的;650 ℃附近大而宽的放热峰是由 B_2O_3 的晶型转变造成的,晶态 B_2O_3 转变为玻璃态。因此可在温度高于 290 ℃时,对改性后的 C/C 复合材料基体进行热处理。

(2)硼溶胶前驱物在不同温度下热处理后的 XRD 物相分析。如图 6-6 所示的溶胶热处理后的溶胶前驱物经过不同温度热处理后的 XRD 图谱反映出的信息证实了上述判断。热处理温度为 80 ℃时,最初溶剂热处理后的前驱物含有的主要物质是 H_3BO_3 和少量 HBO_2;随着热处理温度的上升,前驱物中主要物质为 HBO_2;当热处理温度提升至 290 ℃时,出现了 B_2O_3 晶体相的特征衍射峰;然而当热处理温度继续上升时,B_2O_3 的衍射峰强度逐渐下降,这说明 B_2O_3 进行着从晶体相向玻璃相的转变。

(3)改性基体的 XRD 物相分析。图 6-7 是不同时间溶剂热改性后 C/C 复合材料基体的表面 XRD 图谱,从图中可以看出,逐渐延长溶剂热处理时间,B_2O_3 相的衍射峰呈现逐渐减弱的趋势。这可能是由于较短的热处理时间能够促进 B_2O_3 晶体相在 C/C 基体表面的铺展生长过程,而随着热处理时间的延长,B_2O_3 晶体相在体系高温高压的作用下发生部分熔融并从结晶相向玻璃相转变。其具体表现为在XRD图谱中B_2O_3相的特征衍射峰强度呈现下降趋势。

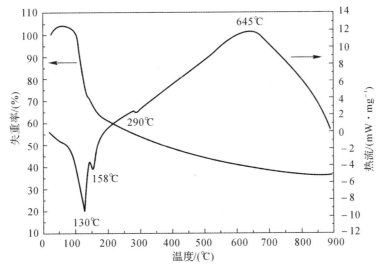

图6-5 溶胶前驱物在140℃溶剂热处理后的TG-DSC曲线

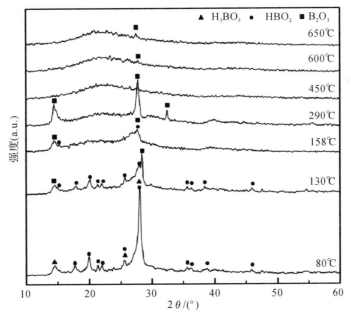

图6-6 不同温度热处理后的溶胶前驱物的XRD图谱

(4)改性基体的显微结构。图6-8是不同时间溶剂热改性后C/C基体的表面显微形貌及电子能谱分析。未经过溶剂热改性的C/C基体表面有大量的孔隙和微裂纹(见图6-8(a))。与未经改性的C/C基体相比,溶剂热改性处理后的C/C复合材料试样表面被

B_2O_3层覆盖[52],且在覆盖层表面有较多的长度为 $10\sim20~\mu m$ 的片状结构(见图 6-8(b)),根据对点能谱和面能谱的分析判断可知,该片状结构为 B_2O_3 晶体相。随着溶剂热处理时间的延长,C/C 基体表面覆盖层中的 B_2O_3 晶体相逐渐减少,覆盖层均匀程度和平整度逐渐上升。这些现象与之前的 XRD 图谱的分析一致。溶剂热过程中形成的 B_2O_3 覆盖层有利于提高 C/C 基体的抗氧化性能。

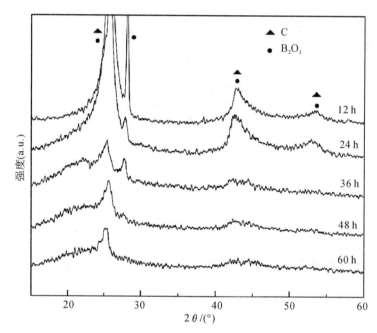

图 6-7　硼酸盐溶胶不同溶剂热时间 140 ℃改性 C/C 复合材料基体的表面 XRD 图谱

(5)改性基体的抗氧化性能。图 6-9(a)是不同时间溶剂热改性后的 C/C 基体在 600 ℃下的氧化测试曲线图。从图中可以看出,经过 6 h 静态空气中氧化后,溶剂热处理 48 h 后的 C/C 基体的氧化单位面积失重量最低,仅为 25.16 mg·cm⁻²,与未改性的 C/C 基体的 313.6 mg·cm⁻²的单位面积失重量相比,改性后 C/C 基体的抗氧化性能有了显著的提高。这是由于改性过程中形成的 B_2O_3 相以及抗氧化过程中形成的 B_2O_3 玻璃覆盖层对 C/C 基体由内而外的良好保护。综上所述,添加硼酸盐溶胶的溶剂热改性技术是一种提高 C/C 基体低温抗氧化性能的有效方法。

图 6-9(b)是不同时间溶剂热改性 C/C 复合材料基体在 600 ℃下的氧化失重速率曲线。从图中可以看出,经溶剂热处理后的 C/C 基体氧化失重速率随着延长改性处理的时间而呈现降低的趋势,这与图 6-9(a)反映出的氧化失重量曲线的情况一致,即 C/C 基体的抗氧化性能逐渐提升。溶剂热改性 60 h 后的 C/C 基体的抗氧化性能最优。改性后基体的氧化失重速率随着氧化时间的延长同样呈现下降趋势。但是从图中可以看到,改性时间为 36 h 的 C/C 基体的氧化失重速率呈现先降后略微上升的现象。这种反常现象可能是由改性的 C/C 基体表面氧化抑制层的部分失效所致,这需要借助其他分析手段进一步研究。

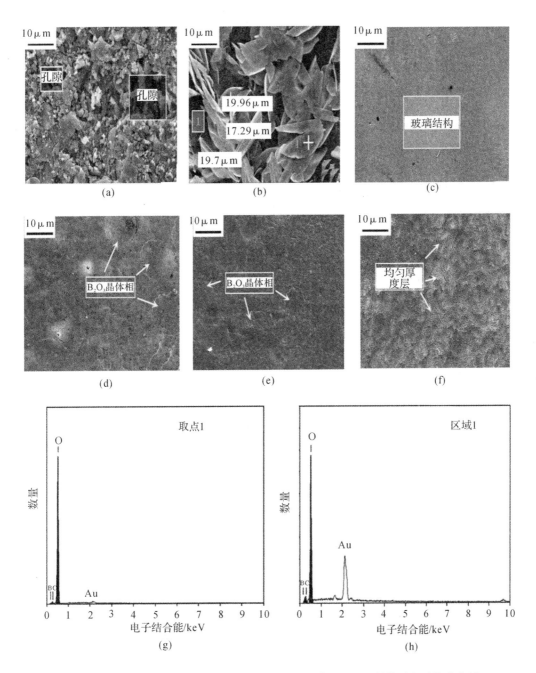

图6-8 不同时间溶剂热改性后C/C复合材料基体表面显微结构及电子能谱分析
(a)未处理；(b)12 h；(c)24 h；(d)36 h；(e)48 h；(f)60 h；(g)为(b)取点 EDS 分析；
(h)为(b)选区 EDS 分析

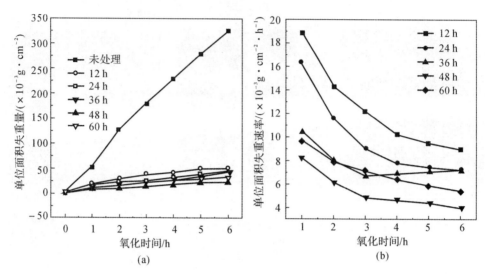

图 6-9 不同热处理时间改性后 C/C 复合材料基体在 600 ℃下的氧化失重曲线

(6)氧化后基体的显微结构。图 6-10 是溶剂改性处理了 36 h 后的 C/C 基体经 600 ℃的空气中静态等温氧化 6 h 后的不同区域的表面显微形貌。从图中可以看出,a 区域的 B_2O_3 覆盖层仍较为完整和致密;b 区域的 B_2O_3 覆盖层出现明显破坏,类似于发生了热膨胀不匹配而导致的应力失配效应,导致覆盖层被破坏;在 c 区域中可以看到有氧化腐蚀区(孔洞和裂纹)存在,部分碳纤维露出;d 区域中有明显的碳纤维被腐蚀现象,这与相关资料中关于 C/C 复合材料的氧化优先发生在基体内部的碳纤维和基体界面处的研究相一致[53]。碳纤维在氧化腐蚀过程中发生扭转弯曲而产生的应力作用于覆盖层而导致覆盖层的崩裂,这是 C/C 基体表面覆盖层遭到显著破坏的主要原因。

图 6-10 溶剂热处理 36 h 后 C/C 复合材料基体在 600 ℃氧化 6 h 后不同区域表面显微结构
(a)a 区域;(b)b 区域

续图6−10 溶剂热处理36 h后C/C复合材料基体在600 ℃氧化6 h后不同区域表面显微结构
(c)c区域;(d)d区域

分析如图6−11所示的B_2O_3相转变过程,能够很好地解释其具有良好的阻氧效果的原因。从图中可以看出,网络状结构的B_2O_3能够向类似于网络状结构的B_2O_3玻璃相发生相转变。普遍的观点认为,B_2O_3晶体相和玻璃相之间的区别在于前者原子排列更加有序,而后者的原子排列仅仅在长程有序[54]。而这种高于450 ℃就可以发生的相转变有利于B_2O_3覆盖层在氧化温度下的流动性,从而填封和覆盖C/C基体内部和表面的微裂纹、孔隙等缺陷,能有效提高基体的抗氧化性能。

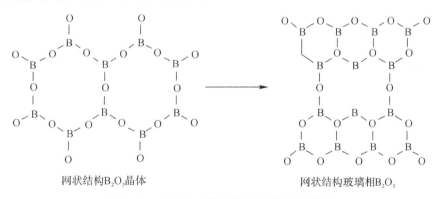

网状结构B_2O_3晶体   网状结构玻璃相B_2O_3

图6−11 B_2O_3由晶体相转变成玻璃相示意图

6.4.3 小结

单独采用溶胶−凝胶技术制备的硼酸盐溶胶前躯体作为改性抑制剂对C/C复合材料基体进行溶剂热改性后,试样的抗氧化性能有了一定程度的提高。

通过对溶剂热改性过程中的温度和时间进行研究,并结合XRD图谱和SEM图片分析发现,随着溶剂改性温度的上升以及改性时间的延长,C/C基体表面由B_2O_3形成的覆盖层的光滑度、致密度上升。而从改性试样的氧化测试结果分析发现,这种覆盖层的整体显微结构的改善对于改性后的碳基体的氧化性能有明显的提升作用。在160 ℃对碳基体进行溶剂热处理之后,其抗氧化性能最佳,而溶剂热改性48 h后的碳基体的质量损失率低于其他改性时间段内基体的质量损失率。产生质量损失的原因主要是氧扩散到达碳基体处与之发生氧化以及部分 B_2O_3 挥发。

6.5　B_2O_3-硼酸盐溶胶体系溶剂热改性 C/C 复合材料的工艺因素、结构表征及性能研究

6.5.1　溶剂热温度对改性 C/C 基体的影响

(1)改性基体的 XRD 物相分析。图 6－12 是不同温度条件下采用溶剂热改性后的 C/C 复合材料试样表面 XRD 图谱。从图中可以看出,经不同温度改性热处理后,基体表面均有 B_2O_3 相生成。当溶剂热改性温度为 80 ℃时,B_2O_3 的衍射峰强度最高,说明此时试样表面有结晶相 B_2O_3 存在。然而随着改性温度的上升,试样表面 B_2O_3 相的衍射峰强度呈下降和宽化的趋势,且存在向小角度漂移的现象。这可能是由于在高温高压的溶剂热体系中,随着温度的升高,密闭反应釜内气相组分含量上升,导致反应釜内压力不断上升,形成气液共存形式的超临界流体,这种高压体系中的超临界流体使得 B_2O_3 晶粒部分溶解,粒径减小,晶型趋于不完整,其整体结晶程度下降。这说明较低的溶剂热温度下,B_2O_3 主要以结晶相存在于 C/C 复合材料试样表面,而继续提高溶剂热温度,B_2O_3 结晶程度下降。

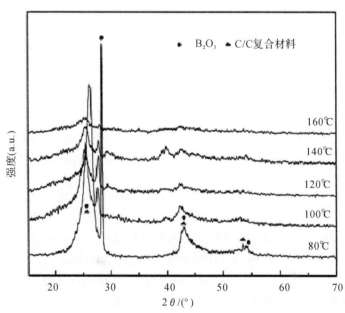

图 6－12　不同溶剂热温度下保温 24 h 改性后的试样表面的 XRD 图谱

（2）改性基体的表面XPS分析。图6-13是160℃溶剂热改性的C/C复合材料表面的X射线光电子能谱图（XPS谱图）。图6-13（a）为改性基体的宽程扫描图谱,经过标定,谱图中各峰从左到右依次对应的是B1s,C1s和O1s的谱线。图6-13（b）为B1s的窄扫描谱图,B1s峰处的电子结合能为192.8eV,对应于B_2O_3的B1s峰的电子结合能。分析XPS谱图,得知改性后的C/C复合材料试样表面覆盖的物质为B_2O_3形成的氧化抑制层,与XRD图谱的分析测试结果反映的现象是一致的。

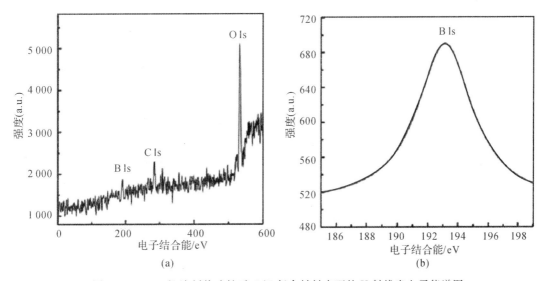

图6-13　160℃溶剂热改性后C/C复合材料表面的X射线光电子能谱图

（3）改性基体的显微结构。图6-14是不同溶剂热反应温度改性试样表面SEM图片。从图中可以看出,经过一定时间,不同溶剂热温度改性后的C/C基体表面均被一层涂层所覆盖。结合X射线衍射分析和X射线光电子能谱分析发现,表面涂层由B_2O_3晶体颗粒和玻璃态的B_2O_3组成。当改性温度为80℃时,改性后基体表面涂层中夹杂着一些B_2O_3晶体颗粒。经进一步观察发现,表面B_2O_3涂层中存在微裂纹并沿着B_2O_3晶粒周围扩展（见图6-14（f））,这可能是由结晶相B_2O_3晶体颗粒与形成的玻璃态B_2O_3涂层之间因热膨胀系数不匹配而导致的。随着温度升高至100℃,表面晶体颗粒部分逐渐溶解,晶粒粒径逐渐减小,结晶程度逐渐降低,此时无明显微裂纹存在。当温度上升至160℃时,改性后试样表面已经形成了一层均匀而致密的玻璃态B_2O_3涂层。且随着溶剂热温度上升,玻璃态的B_2O_3逐渐填封了基体表面的微孔隙及微裂纹等缺陷,在材料内部形成了一层阻氧层,从而更有效地保护C/C复合材料。

图6-15为经过160℃溶剂热改性处理24 h后的C/C复合材料基体断面的SEM图片、EDS线能谱和微区能谱分析。从图中可以看出,C/C复合材料存在一层较为致密的涂层。从线能谱（见图6-15（b））分析得知,涂层成分为B_2O_3,部分改性物质已经渗入C/C复合材料基体中并且形成了一个过渡中间层;改性物质B_2O_3将基体材料内部存在的很多孔隙进行了填封（见图6-15（c））。微区能谱（见图6-15（d））显示,在C/C基体内

部的片状填充物为 B_2O_3。根据能谱分析结果和之前的 XRD，XPS 分析结果发现，获得的改性物质由 B_2O_3 组成，B_2O_3 的存在填封了氧气进入基体内部的扩散路径，从而有效地形成了对材料的氧化防护。

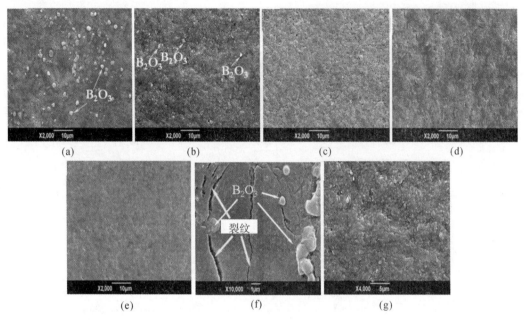

图 6-14 不同溶剂热温度下改性后试样表面 SEM 图片

(a)80 ℃；(b)100 ℃；(c)120 ℃；(d)140 ℃；(e)160 ℃；(f)为(a)放大图；(g)为(b)放大图

（4）改性基体的抗氧化性能。图 6-16 是在不同溶剂热反应温度下溶剂热改性处理后的 C/C 基体试样在 600 ℃ 的恒温氧化失重曲线图。结合测试的结果发现，未经改性处理的 C/C 复合材料的氧化失重率与氧化时间之间的关系是一种类似线性的上升关系，在 600 ℃ 的温度下氧化 10 h 后，其氧化失重率高达 49.13%；而经溶剂热改性后的基体的氧化抑制性能上升明显，在 80~160 ℃ 的溶剂热改性温度范围内，随着溶剂热温度的升高，其抗氧化性能呈现逐渐上升的趋势。这是由于随着溶剂热温度的升高，反应釜内压力上升，有利于液相的硼溶胶和部分溶解的 B_2O_3 向 C/C 复合材料基体内部渗透，从而提高基体的抗氧化性能，这从 XRD 和 SEM 图谱中得到了很好的印证。经 160 ℃ 溶剂热改性处理 24 h 的 C/C 复合材料氧化 16 h 后的失重率仅为 4.09%。说明溶胶-凝胶/溶剂热液相改性是提高 C/C 复合材料基体抗氧化性能的一种有效手段。

（5）改性基体的抗氧化过程和氧化后显微形貌分析。图 6-17 是 160 ℃ 溶剂热处理 24 h 的 C/C 复合材料在 600 ℃ 的恒温氧化速率曲线。从图中可以看出，在最初氧化的 1 h，试样的失重突然增加，这是由于部分 B_2O_3 在空气中吸水生成的硼酸（H_3BO_3）[55] 受热分解造成的，即

$$2H_3BO_3 \longrightarrow B_2O_3 + 3H_2O(g) \qquad (6-4)$$

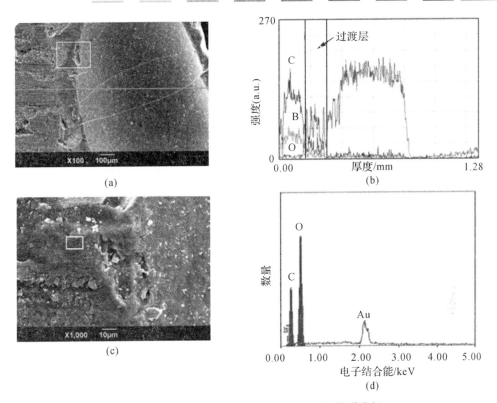

图 6-15 改性试样断面 SEM 图片及 EDS 能谱分析
(a)断面 SEM 图片;(b)为(a)线能谱;(c)为(a)的放大图;(d)为(c)选区 EDS 分析

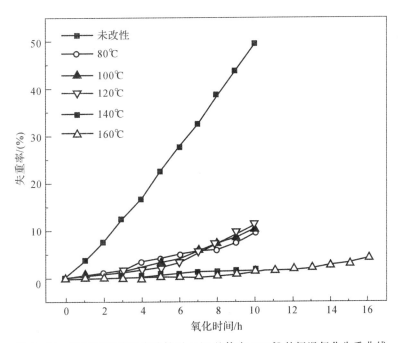

图 6-16 不同溶剂热温度改性后 C/C 基体在 600 ℃的恒温氧化失重曲线

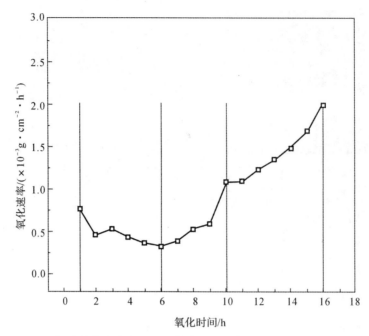

图 6-17   160 ℃溶剂热改性处理 C/C 复合材料基体在 600 ℃的恒温氧化速率曲线

在 2—6 h 的氧化阶段,试样的失重很缓慢,失重速率呈现下降趋势,这可能是由于 B_2O_3 改性物逐渐融化(熔点 450 ℃),在 C/C 试样表面,形成了抑制氧气向试样内部扩散的保护层,同时填封了复合材料内部的缺陷[56],堵塞了其中的氧化活性的区域,大幅地增强了氧化抑制的作用(见图 6-18(a))。但同时 B_2O_3 液相具有挥发性,由于 B_2O_3 的挥发而造成了少量的失重。在 7—10 h 的氧化时间段内,C/C 复合材料的失重速率呈缓慢的线性增长。随着抗氧化时间的延长,B_2O_3 流动性逐渐提高,使得 C/C 复合材料保护层表面的缺陷大部分自愈合,表面光滑(见图 6-18(b))。这时 C/C 复合材料试样进入一个稳态氧化阶段。在 11—16 h 的氧化时间段内,长时间的氧化导致了 B_2O_3 的挥发[57,39],导致其不能完全愈合的表面缺陷,表面出现了微裂纹等缺陷(见图 6-18(c)),氧化速率明显加快。使得表面附着的 B_2O_3 保护层对 C/C 复合材料的保护逐渐失效。此时主要由渗透到基体内部的氧化抑制剂起保护作用,基体抗氧化性能出现了大幅度地降低。

图 6-19 为经过 160 ℃溶剂热改性的 C/C 基体试样在 400～1 100 ℃的温度范围内,在不同温度下氧化 1 h 后得到的质量变化曲线。从图中可以看出,当氧化温度为 400 ℃时,改性后的 C/C 基体没有发生氧化;升高氧化温度时,改性后的 C/C 基体逐渐发生氧化失重,但失重现象不明显;当氧化温度高于 800 ℃时,改性后试样的氧化现象加剧,质量损失迅速上升。这是由于随着温度上升并超过 B_2O_3 的熔点 450 ℃时,B_2O_3 开始逐渐熔融形成流动性的液相,根据爱因斯坦-斯托克斯方程理论[54]可知,随着温度升高,液相 B_2O_3 黏度降低,氧气的扩散系数增大,会有更多氧气通过扩散作用与 C/C 基体发生高温氧化反应,从而造成基体的氧化行为加剧。根据曲线的变化趋势判断可知,当温度低于 800 ℃

时,添加 B_2O_3 溶剂热改性 C/C 复合材料的方式可以有效保护 C/C 基体。

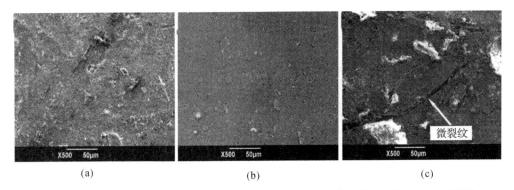

(a)   (b)   (c)

图 6-18　160 ℃溶剂热改性的 C/C 试样在 600 ℃等温氧化不同时间后表面 SEM 图片
(a)5 h;(b)9 h;(c)16 h

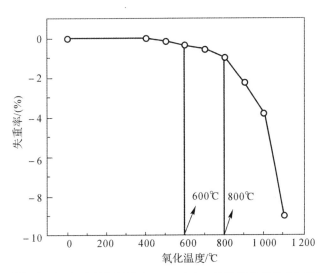

图 6-19　改性后 C/C 复合材料基体在 400~1 100 ℃温度段氧化 1 h 后的质量变化

图 6-20 为经过 160 ℃溶剂热改性后的 C/C 基体试样在 800 ℃的氧化测试曲线。从图中可以看出,在最初的 2 h 氧化区间内,改性后基体的失重率不超过 2%;而随着氧化时间的延长,基体失重率大幅度上升,当氧化时间达到 16 h 时,基体的失重率高达 10.25%。因此,改性后 C/C 基体可在 800 ℃短时间抗氧化,而在 600 ℃较长时间内保持抗氧化性能。

6.5.2　溶剂热时间对改性 C/C 基体的影响

(1)改性基体的 XRD 物相分析。图 6-21 是经不同时间溶剂热改性后试样的表面 XRD 图谱。从图中可以看出,经过溶剂热改性,材料表面出现了 B_2O_3 晶相。延长溶剂热处理时间,B_2O_3 晶相的衍射峰呈现先增强后减弱的趋势。这说明在较短的溶剂热处理时间内,一部分 B_2O_3 以晶体相存在于 C/C 复合材料试样表面,而延长溶剂热处理时间,由于 B_2O_3 的部分溶解,其结晶程度随之下降,同时试样表面覆盖的 B_2O_3 玻璃层的厚度也会有所增加,导致 XRD 测试射线不能有效到达 C/C 基体,造成 C/C 基体的衍射峰强度减弱。

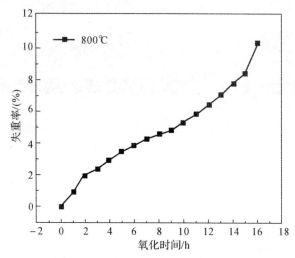

图 6-20 改性后 C/C 复合材料基体在 800 ℃的静态温度段氧化 1 h 后的质量变化

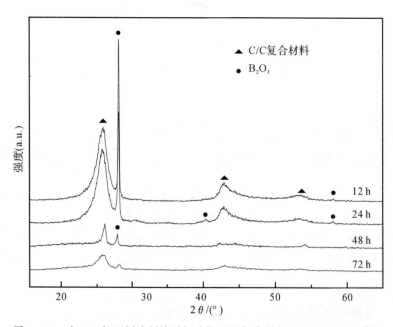

图 6-21 在 140 ℃不同溶剂热时间改性后的复合材料试样表面 XRD 图谱

(2)改性基体的显微结构。图 6-22 是经溶剂热改性后试样的表面 SEM 图片。从图中可以看出,经过改性,试样表面被一层均匀且连续的物质覆盖。结合之前的 XRD 图谱分析可知,覆盖层物质组成为 B_2O_3。处理时间较短时,覆盖层表面存在少量孔隙,且有结晶相 B_2O_3 存在。延长处理时间,覆盖层致密上升,缺陷逐渐减少,B_2O_3 颗粒尺寸呈现逐渐增大的趋势。继续延长溶剂热时间至 48 h,B_2O_3 颗粒出现熔融现象(见图 6-22(c)),逐渐由结晶相向玻璃相转变,这与之前的 XRD 测试分析结果相吻合,溶剂热过程中形成的玻璃态的 B_2O_3 逐渐地填封了基体表面的微孔隙及微裂纹等缺陷,这些物质的存在有效地阻止了氧气向材料内部的扩散,有利于提高材料的抗氧化性能。延长时间至 72 h 时,试样表面的结晶相 B_2O_3 已基本完全转变成为玻璃相 B_2O_3,此时 C/C 复合材料被一层光滑致密的 B_2O_3 玻璃层所覆盖(见图 6-22(d))。

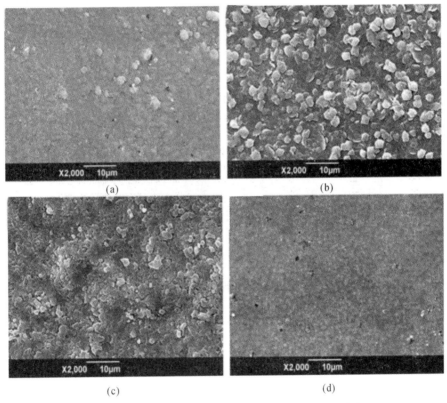

图 6-22 不同溶剂热时间改性后试样表面 SEM 图片
(a)12 h;(b)24 h;(c)48 h;(d)72 h

图 6-23 是经溶剂热改性后试样的断面 SEM 图片。由图可以看出,延长改性时间,基体表面 B_2O_3 覆盖层厚度不断增加(见图 6-23(a)~(d)),这是由于高温高压的溶剂热环境,有利于氧化抑制剂硼溶胶和 B_2O_3 微粉向 C/C 复合材料基体内部的渗透,从而填充基体内部孔洞和微裂纹等缺陷,对 C/C 复合材料形成有效保护。但当达到渗透平衡状态时,未能渗透进入试样的 B_2O_3 逐渐沉积在 C/C 基体表面,形成 B_2O_3 覆盖层。因此随着改性时间的延长,B_2O_3 的沉积量增加,从而使覆盖层厚度逐渐增加,在 C/C 复合材料表面

形成了阻氧屏障,与 XRD 分析中的 C/C 基体的衍射峰逐渐减弱相对应。同时碳基体中的孔洞缺陷被 B_2O_3 很好地填充(见图 6-23(e)),氧化抑制剂从内到外有效地保护 C/C 复合材料。

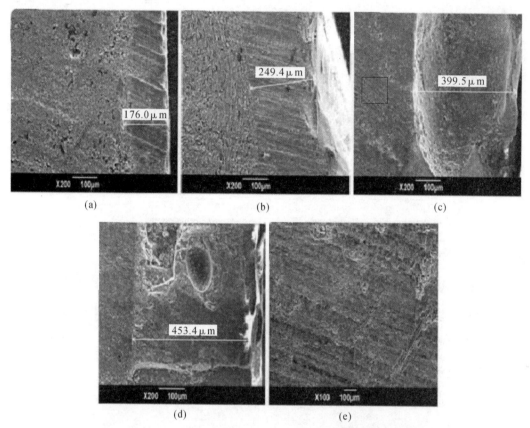

图 6-23　不同溶剂热时间改性后试样断面 SEM 图片
(a)12 h;(b)24 h;(c)48 h;(d)72 h;(e)为(c)的局部放大图

(3)改性基体的抗氧化性能。图 6-24 是氧化温度为 600 ℃时改性后试样的等温氧化失重曲线。从图中可以看出,未经改性处理的试样氧化失重现象严重,氧化 10 h 后的失重率高达 44.6%。其氧化失重率与时间呈近似的直线变化关系,这说明氧气对 C/C 基体的氧化过程是一个受反应速率所控制的过程。经溶剂热改性的 C/C 基体的抗氧化性能良好。这是因为 B_2O_3 熔点为 450 ℃,在 600 ℃的氧化温度下能在试样表面形成玻璃态保护膜。且试样的抗氧化性能随改性时间的延长逐步提高,氧化失重率增加缓慢,说明这时氧气对 C/C 基体的腐蚀是一个受扩散所控制的过程[58-59]。从改性后试样表面的显微结构(见图 6-22)可以看出,基体表面的 B_2O_3 保护层结构致密,氧气尚不能直接和基体发生接触。其要腐蚀基体,必须先通过层间扩散作用才能和基体发生反应,此时氧气在保护层中的扩散进程控制着试样的氧化过程,因而其抗氧化效果较好。延长改性时间至 48

h 时,B_2O_3 保护层致密度和平滑度更加良好(见图 6 – 22(c)),同时在高温氧化过程中,B_2O_3 又具有自愈合微裂纹的作用[54](见图 6 – 25(b)),而继续延长改性时间至 72 h,改性试样的抗氧化性能趋于稳定。氧化测试结果表明,经 140 ℃溶剂热改性 48 h 后的 C/C 基体在氧化长达 17 h 之后失重率仅为 2.13%。

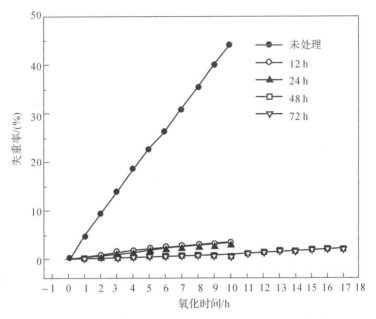

图 6 – 24 改性 C/C 试样在 600 ℃的等温氧化失重曲线

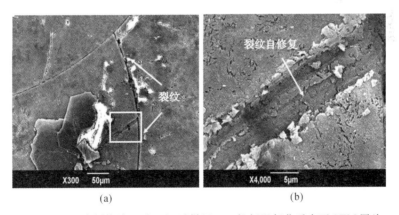

(a)   (b)

图 6 – 25 经溶剂热处理后 C/C 试样经 600 ℃恒温氧化后表面 SEM 图片
(a)SEM 图片;(b)为(a)的放大图

图 6 – 26 是经不同时间溶剂热改性后的试样经 600 ℃等温氧化测试后的断面 SEM 显微形貌分析。经氧化测试后的试样内部出现了氧化现象。溶剂热改性时间为 12 h 时的试样,在碳基体/碳纤维界面处的氧化现象明显(见图 6 – 26(a)),这与 Guo Weiming[53]

等的研究结果基本一致,氧化首先发生在碳纤维的界面。随着溶剂热时间延长,C/C 基体靠近表面处的氧化较内部更为明显,在 B_2O_3 保护层附近出现了还未脱附的气体(CO_2 等)形成的气泡以及氧化腐蚀区(见图 6-26(b))。此时氧通过 B_2O_3 保护层扩散进入 C/C 基体并与之作用,同时生成的气体通过扩散作用从保护层表面逸出(见图6-26(c))。证明了延长溶剂热改性时间能够提高 C/C 复合材料试样的抗氧化性能。

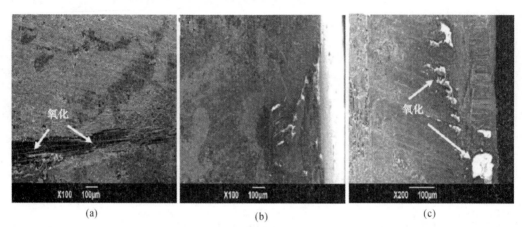

图 6-26　不同改性时间的 C/C 试样在 600 ℃等温氧化后断面 SEM 图片
(a)12 h;(b)24 h;(c)48 h

6.5.3　B_2O_3 加入量对改性 C/C 基体的影响

(1)改性基体的 XRD 物相分析。图 6-27 是不同质量分数 B_2O_3 加入溶剂热改性后 C/C 基体的表面 XRD 图谱。从 XRD 图谱中可以看出,经过溶剂热改性后的 C/C 基体表面有 B_2O_3 晶相的衍射峰出现,同时其强度随着 B_2O_3 加入量的增加而出现了降低的现象。这是由于随 B_2O_3 加入量增加,C/C 基体表面的 B_2O_3 覆盖层厚度逐渐上升,且部分由晶体相熔融转变为玻璃相,X 射线的穿透能力下降,导致其呈现的衍射峰强度降低并且出现宽化现象。将得到的 B_2O_3 相衍射峰的相关信息与标准卡片编号为 06-0297 的 B_2O_3 晶相卡片对比(见表 6-7),结合布拉格公式:

$$2d\sin\theta = n\lambda \Rightarrow \sin\theta = \frac{n\lambda}{2d} \qquad (6-5)$$

可以发现,在 B_2O_3 特征峰位置(标准卡片显示,晶面间距(d)为 3.2 100Å(1 Å = 10^{-10} m),2θ 为 27.769°的位置),改性后的 C/C 基体的表面 B_2O_3 的衍射峰有集体向小角度偏移的趋势,这说明改性后的 C/C 基体的表面 B_2O_3 覆盖层中存在压应力,有利于提高覆盖层和基体的界面结合强度,对改性后 C/C 基体提高抗氧化性能有积极作用。

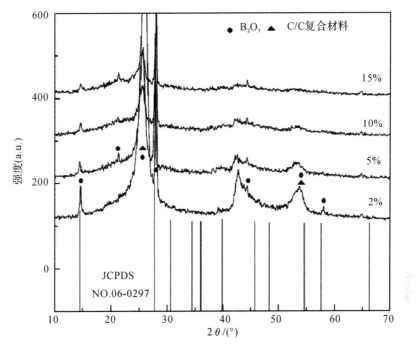

图 6 - 27　在 120 ℃添加不同含量 B_2O_3 溶剂热改性后的复合材料试样表面 XRD 图谱

表 6 - 7　添加不同含量 B_2O_3 溶剂热改性后 XRD 中 B_2O_3 相的
相关信息与标准卡片对比

	$d/Å$	$2\theta/(°)$
标准卡片(06 - 0297)	3.210 0	27.769
2%	3.175 9	27.904
	$d/Å$	$2\theta/(°)$
5%	3.174 4	28.087
10%	3.194 7	28.075
15%	3.174 5	28.086

　　(2)改性基体的显微结构。图 6 - 28 是不同 B_2O_3 加入量溶剂热改性后 C/C 基体的显微结构分析。经过改性后的 C/C 基体表面的缺陷和微孔隙均被一层连续相所覆盖。根据 XRD 图谱(见图 6 - 27)分析可知,覆盖层的物质组成为 B_2O_3。随着改性过程中 B_2O_3 加入量的增加,B_2O_3 覆盖层的致密度和光滑程度都逐渐提高。当 B_2O_3 加入量增加为 10% 时,B_2O_3 较多的由晶体相转变为玻璃相,C/C 基体表面出现光滑的玻璃层,这种形态与 XRD 图谱分析相对应。但是当继续增加 B_2O_3 含量到 15% 时,覆盖层的致密度和光滑程度没有继续趋于优越而是出现了一些微裂纹和孔洞。这可能是由于加入量过大,部分

晶体相 B_2O_3 无法转变为玻璃相,由于晶体相和玻璃相之间的应力失配导致微裂纹的出现(见图 6-28(d))。

(3)改性基体的抗氧化性能。图 6-29 是不同 B_2O_3 加入量溶剂热改性后 C/C 基体在 600 ℃的静态氧化失重曲线。改性后基体的氧化失重都不严重,并且随着氧化抑制剂加入量的增加,基体的氧化失重率下降。当改性剂 B_2O_3 加入量为 10% 时,基体氧化 15 h 后的失重率仅为 3.13%,而继续增加氧化抑制剂含量,基体的抗氧化性能没有明显提高。因此,改变氧化抑制剂的加入量对于提高 C/C 基体的抗氧化性能有一定作用。基体外部的 B_2O_3 覆盖层在 C/C 复合材料的抗氧化过程中起到了关键作用,其与内部的氧化抑制剂协同作用,共同提高基体的抗氧化性能。

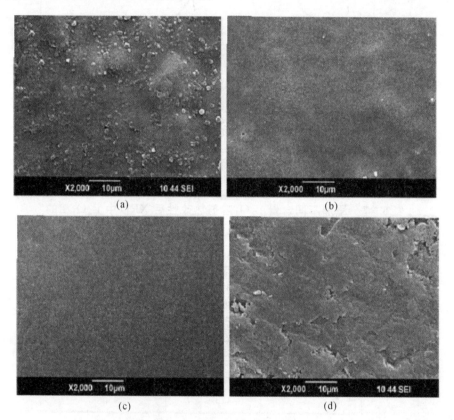

图 6-28 添加不同质量分数的 B_2O_3 溶剂热改性后 C/C 复合材料的表面 SEM 图片

(a)2%;(b)5%;(c)10%;(d)15%

6.5.4 B_2O_3-硼酸盐溶胶体系溶剂热改性 C/C 基体的氧化动力学机制分析

通过研究不同溶剂热温度、溶剂热时间和 B_2O_3 加入量对 C/C 基体抗氧化性能的影响,得到了 B_2O_3 微粉溶剂热改性 C/C 基体的较优工艺条件,即溶剂热温度为 160 ℃,溶剂热时间为 48 h,B_2O_3 加入量为 10%。采用此工艺参数对 C/C 基体进行改性,通过

XRD,SEM,氧化失重测试等手段对改性后的 C/C 基体的氧化行为进行了分析。

(1)改性基体的 XRD 物相分析。从改性后 C/C 基体的表面 XRD 图谱(见图 6-30)可知,C/C 基体表面有 B_2O_3 相存在,并且这些晶体相沿(310)晶面取向生长。即 B_2O_3 以层状的形式在 C/C 基体表面铺展,能很好地覆盖、填充基体表面的孔洞和微裂纹。

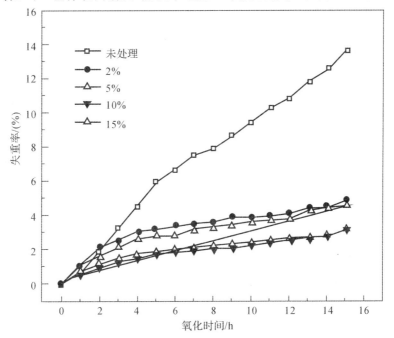

图 6-29 添加不同含量 B_2O_3 溶剂热改性后 C/C 复合材料在 600 ℃ 的静态氧化测试曲线

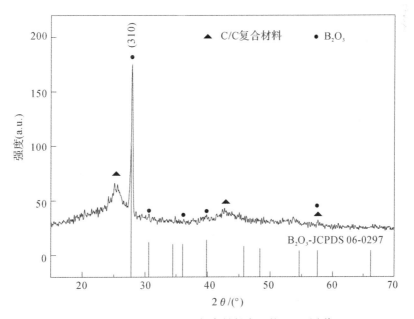

图 6-30 改性后 C/C 复合材料表面的 XRD 图谱

(2)改性基体的拉曼光谱分析。对比改性前、后 C/C 基体的拉曼光谱测试图谱(见图 6-31)可知,在 $100\sim2\,000\ cm^{-1}$ 的范围内,改性前、后的 C/C 基体的特征衍射峰 D 峰和 G 峰都出现了,但是与未改性时 C/C 基体的 D 峰和 G 峰的高强度相比,经过溶剂热改性的 C/C 基体对应的特征峰强度明显降低,且出现了宽化和一定的偏移。D 峰的变化可能是由部分 B_2O_3 中 B 原子的电子形成 π 键,使得进入 C/C 基体中的 B_2O_3 附近的 C—C 键的键长发生变化导致的[60-61]。因此,这种 D 峰的宽化现象意味着部分 B 原子进入了 C/C 基体内部并与 C 原子形成了化学键合[62]。同时,改性后 C/C 基体表面在 $100\sim1\,000\ cm^{-1}$ 范围内出现了明显的 B_2O_3 的特征峰[63],结合 C/C 基体衍射峰强度低下和宽化,说明 B_2O_3 相在 C/C 基体表面形成了铺展,基体缺陷被 B_2O_3 相所填充。这种现象与之前的 XRD 图谱测试结果相对应。

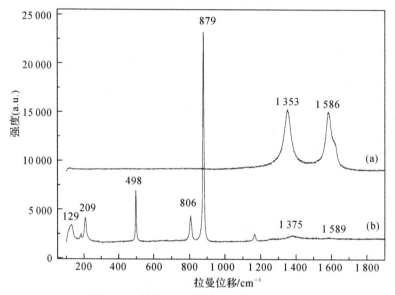

图 6-31 改性前、后 C/C 基体的拉曼光谱分析
(a)未改性;(b)改性后

(3)改性基体的显微结构。改性后 C/C 基体的表面 SEM 图片如图 6-32 所示,C/C 基体表面被一层致密均匀光滑且平整度高的物质所覆盖,根据之前 XRD 图谱、拉曼光谱以及 EDS 能谱(见图 6-32(c)(d))分析判断,覆盖物质为 B_2O_3 玻璃相保护层,保护层中未熔融的颗粒物质为晶体相的 B_2O_3。而从图 6-33 的基体内部断面 SEM 图片发现,未改性前基体内部的孔洞缺陷(见图 6-33(a))被改性抑制剂 B_2O_3 所填充。这种结果将使 C/C 基体的表面和内部的氧化活性点被很好地包覆和填充,从而由内而外地保护 C/C 基体并抑制其氧化行为的发生。

(4)改性基体的抗氧化性能。图 6-34 是溶剂热改性后的 C/C 基体在不同氧化温度下的氧化失重曲线。氧化测试结果表明,在空气中静态氧化 22 h 后,600 ℃温度下的氧化失重率只有 2.26%,在 700 ℃的氧化失重率也仅为 5.29%。但是当氧化温度升高至

750 ℃和 800 ℃时,C/C 复合材料的氧化失重现象明显加剧,失重率达到了 10% 以上,C/C 基体发生了明显氧化行为。这说明添加 B_2O_3 溶剂热改性 C/C 基体可在低于 700 ℃的温度下较长时间保持 C/C 基体的抗氧化性能,而其抗氧化性能在 700～800 ℃ 范围内能较短时间保持。但总体趋势是随着氧化温度上升,改性后基体的抗氧化性能下降。

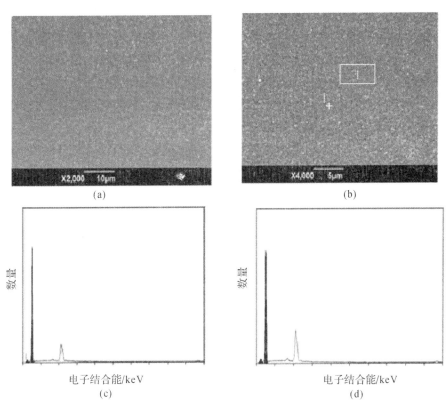

图 6-32　改性后 C/C 复合材料的表面 SEM 图片及能谱分析
(a)SEM 图片;(b)为(a)的放大图;(c)为(b)取点 EDS 分析;(d)为(b)选区 EDS 分析

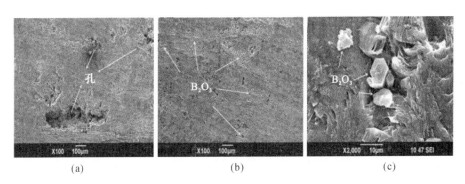

图 6-33　改性后 C/C 复合材料的断面 SEM 图片
(a)未处理;(b)溶剂热改性;(c)为(b)放大图

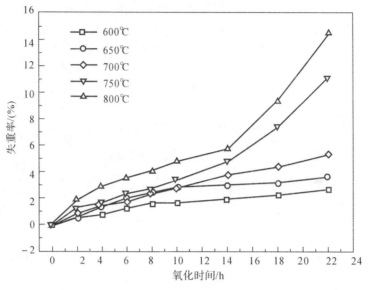

图 6-34　改性后试样在不同温度下的氧化测试曲线

(5)氧化测试后基体的显微结构。图 6-35 是 C/C 基体在 650 ℃氧化 12 h 和 22 h 后的表面 SEM 图片。氧化 12 h 后,基体表面覆盖的 B_2O_3 保护层没有出现明显的破坏,但是出现了微裂纹,同时一些微裂纹发生了自愈合行为。氧化时间增加至 22 h 时,C/C 基体表面的 B_2O_3 覆盖层不再完整,出现了孔洞。因此,此时的质量损失主要是由玻璃层中的 B_2O_3 挥发造成的。而当温度继续上升至 700 ℃以上时,改性后试样出现的明显质量损失现象与此时 B_2O_3 高的挥发速率有关[54],氧气气氛能够通过覆盖层的缺陷处扩散并与 C/C 基体发生氧化反应,导致基体迅速地发生氧化。

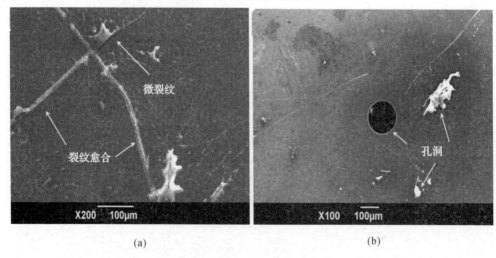

(a)　　　　　　　　　　　　　　　(b)

图 6-35　改性后 C/C 复合材料在 650 ℃氧化不同时间后的表面 SEM 图片
(a)12 h;(b)22 h

(6)改性后 C/C 基体的氧化行为分析。图 6－36 是未改性的 C/C 基体在 500～900 ℃温度范围内的氧化失重测试曲线。其氧化失重与氧化时间之间构成的是近似线性的函数关系。

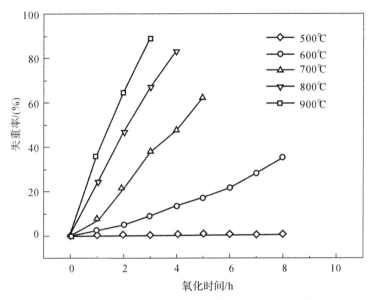

图 6－36　未改性 C/C 复合材料在不同温度下的氧化测试曲线

这种函数关系可表示为

$$-\frac{\mathrm{d}m_t}{\mathrm{d}t} = km_0 \qquad (6-6)$$

式中　m_t——C/C 基体在氧化时间 t 时的质量；

　　　m_0——C/C 基体的初始质量；

　　　k——C/C 基体的氧化速率常数。氧化速率常数 k 满足

$$k = A\exp\left(\frac{-E_a}{RT}\right) \qquad (6-7)$$

式中　A——常数,被称为指前因子；

　　　E_a——氧化激活能；

　　　T——热力学温度；

　　　R——气体常数。

根据式(6-6)和式(6-8),可得

$$\ln k = \ln A - \frac{-E_a}{RT} \qquad (6-8)$$

因此,可根据 $\ln k$ 和 $1/T$ 的关系拟合曲线(见图 6－37)。

图 6－37 是改性前、后的 C/C 基体的氧化速率常数 k 和 $1/T$ 之间的关系。它们之间不是由一条直线组成的线性关系,而是由两条直线构成的线性组合。改性后的 C/C 基体的氧化行为转变点由 600 ℃提高到了 650 ℃,且在 650 ℃和 650～800 ℃的氧化激活能分

别为 183.7 kJ·mol^{-1} 和 78.7 kJ·mol^{-1},都高于为改性 C/C 基体在低于 600 ℃ 和 600~900 ℃ 两个区间内的氧化激活能。这说明改性后的 C/C 基体的总体抗氧化性能在全温度段内都有所提高。

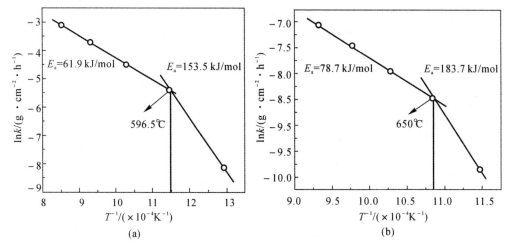

图 6-37 ln$k$ 与 1/T 之间的关系曲线
(a)未改性;(b)改性后

在图 6-37 中改性与未改性的基体在不同温度区域下的氧化激活能不同。很多研究者(比如 Luo[59] 和 Shemet[64])研究表明,C/C 复合材料的不同氧化活化能对应着不同的氧化机制,即不同温度段内的 C/C 基体的氧化机制不同。根据 Dacic 和 Marinkovic[65] 的研究,改性后的 C/C 基体的氧化机制是在不同温度段内的氧化活化能同样对应着不同的氧化机制。因此溶剂热改性后的 C/C 基体的氧化测试结果符合 Dacic 和 Marinkovic 的研究,不同温度段内的 C/C 基体的氧化行为由几方面控制,具体见表 6-8。

表 6-8 C/C 基体在不同温度段内的氧化行为

序　号	氧化过程控制因素
(i)	碳基体与氧气发生化学反应控制
(ii)	O_2 在 C/C 基体表面缺陷处如孔洞、微裂纹等位置的扩散控制
(iii)	O_2,CO 和 CO_2 由在 B_2O_3 保护层中的扩散速率所控制

对于控制过程(iii),O_2,CO 和 CO_2 在 C/C 基体表面 B_2O_3 保护层中的气体扩散过程可由爱因斯坦-斯托克斯公式[66]来描述,即

$$D = \frac{K_i T}{6\pi\eta r} \tag{6-9}$$

式中　K_i——玻耳兹曼常数;

　　　T——热力学温度;

　　　η——熔融态 B_2O_3 的黏度;

　　　r——氧气分子半径;

D——扩散系数。

当温度上升时,B_2O_3 黏度下降,根据公式可知,此时 O_2,CO 和 CO_2 在 B_2O_3 玻璃层中和基体表面缺陷处的扩散速率上升,导致改性 C/C 基体的氧化行为加剧,此时的氧化行为由低温层间扩散(过程(iii)),向缺陷扩散(过程(ii))转变。

改性前 C/C 基体在低于 600 ℃ 和 600 ℃ 以上的氧化行为分别由过程(i)和过程(ii)控制,改性后 C/C 基体在低于 650 ℃ 和 650 ℃ 以上的氧化行为分别由过程(iii)和过程(ii)控制。

6.5.5　小结

在硼酸盐溶胶改性 C/C 复合材料的基础上,在液相体系中加入 B_2O_3 微粉形成液固共混的氧化抑制剂溶剂热改性处理了 C/C 复合材料。根据相关测试发现,该方法能够在单溶胶改性基础上对 C/C 复合材料进行更长时间的耐氧保护。

在溶胶改性后的 C/C 基体的表面和内部都出现了改性物质 B_2O_3,说明高压浸渍效果明显。通过添加 B_2O_3 微粉改性的 C/C 基体的耐氧化时间进一步延长,表面 B_2O_3 覆盖层厚度较为理想,平均达到了 300 μm,且形成的覆盖层为玻璃涂层,在氧化温度能够熔融流动填充涂层和基体中的缺陷,达到保护碳基体的目的。通过对 B_2O_3 的加入量、溶剂热改性温度时间以及改性 C/C 基体的氧化机制进行研究发现,改性温度为 160 ℃,改性时间达 48 h,B_2O_3 微粉加入量为 10% 时,碳基体具有的抗氧化性能优于其他工艺条件下的性能。对改性后试样的氧化机制进行分析发现,改性试样在 800 ℃ 可以较短时间保护 C/C 基体,而在 600 ℃ 可以较长时间保护 C/C 基体,基体发生氧化现象主要是由于氧气沿 B_2O_3 覆盖层扩散到达 C/C 基体与其发生氧化。

6.6　B_4C-硼酸盐溶胶体系溶剂热改性 C/C 复合材料的工艺因素、结构表征及性能研究

6.6.1　B_4C 加入量对改性 C/C 基体的影响

(1)改性基体的 XRD 物相分析。XRD 图谱(见图 6-38)显示的是在硼酸盐溶胶前驱体中添加不同含量的 B_4C 微粉改性后的 C/C 基体经过 140 ℃ 溶剂热改性 48 h 后的表面物相成分分析。除了发现复合材料 C/C 基体的特征衍射峰之外,还在 XRD 图谱中发现了较为明显的 B_4C 相的衍射峰,这说明,改性后的 C/C 复合材料表面存在改性抑制剂 B_4C。而在 2θ 为 25°~30° 的范围内,有衍射峰强度较弱的 B_2O_3 相存在,B_2O_3 相的出现是由前驱物硼酸盐溶胶的水解缩聚作用,即

$$B(OC_4H_9)_3 + nH_2O \longrightarrow B(OC_4H_9)_{3-n}(OH)_n + nC_4H_9OH \qquad (6-10)$$

$$2B(OC_4H_9)_{(3-n)}(OH)_n \longrightarrow [B(OC_4H_9)_{(3-n)}(OH)_{(n-1)}]_2O + H_2O \qquad (6-11)$$

$$2B(OC_4H_9)_3 + 3H_2O \longrightarrow B_2O_3 + 6C_4H_9OH \qquad (6-12)$$

以及 B_4C 在溶剂热条件下发生的化学变化[67]导致的,即

$$B_4C(s) + 8H_2O_2 \xrightarrow[\text{333K}]{\text{溶剂热}} B_2O_3(s) + CO_2(g) + 8H_2(g) \qquad (6-13)$$

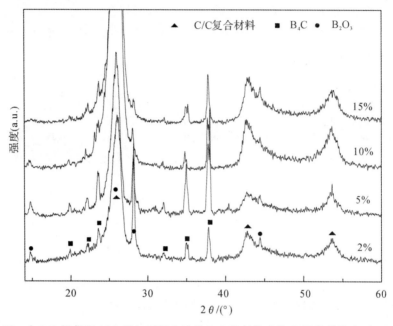

图 6-38　在 140 ℃保温 48 h 添加不同含量的 B_4C 溶剂热改性 C/C 基体的表面 XRD 图谱

在 XRD 图谱中,同时发现 B_2O_3 相的衍射峰强度随固体氧化抑制剂 B_4C 的加入量的增加,而呈现逐渐降低的趋势。这种现象说明,在 C/C 基体的表面,存在一层由 B_4C 和 B_2O_3 两种物质所组成的氧化抑制层,B_4C 是氧化抑制层的主要组成物质,而 B_2O_3 以颗粒的形式在层中分布。同时,由于 B_4C 添加量的增多,覆盖层的厚度上升,X 射线由外部氧化抑制层向内部 C/C 基体的穿透作用降低,也对总体物相的衍射峰强度下降有所影响。

(2)改性基体的 XPS 元素分析。以硼酸盐溶胶作为前躯体,添加 B_4C 微粉质量分数为 10%,溶剂热改性后 C/C 基体的表面 XPS 元素分析谱图如图 6-39 所示。图中出现了两个 B1s 轨道,说明有 B_2O_3 和 B_4C 两种硼化物存在于基体表面,在 192.9eV 键能位置的 B1s 轨道峰值对应于 B_2O_3 这种物质,而在 186.8eV 键能位置的 B1s 轨道峰值对应于 B_4C 这种物质。XPS 的测试结果与如图 6-38 所示的 XRD 测试结果相对应,证明经溶剂热改性后的 C/C 基体表面的保护层是 $B_4C-B_2O_3$ 涂层。

(3)改性基体的显微结构。以硼酸盐溶胶作为前躯体,添加不同固含量 B_4C 微粉,溶剂热改性后 C/C 基体的表面 SEM 图片如图 6-40 所示。经过改性后的碳基体表面被一层物质所覆盖。当 B_4C 的添加含量为 2%~5%时,表面涂层主要表现为 B_2O_3 覆盖于 B_4C 表面;而当增加 B_4C 含量为 10%~15%时,涂层表现为 B_4C 为组成的主要成分。根据 EDS(见图 6-40(f))和 XPS(见图 6-39)的分析结果,一部分 B_2O_3 微晶存在于 B_4C 颗粒间的间隙处,对于 B_4C 颗粒间的空隙进行有效填充(见图 6-40(e)),这种实验现象与图

6-38的 XRD 图谱中所示的 B_2O_3 衍射峰强度下降的趋势相对应。同时在溶剂热改性过程中,B_4C 微粉以及硼酸盐溶胶前驱物能够渗入 C/C 基体的内部,但是当抑制剂的渗透量达到渗透平衡状态时,未能继续进入碳基体内部的 B_4C 开始在重力和外部压力作用下逐渐沉积在碳基体的表面。改性前添加的 B_4C 比例越高,改性后沉积在碳基体表面的 B_4C 颗粒越多,获得的 $B_4C-B_2O_3$ 涂层的厚度越大。

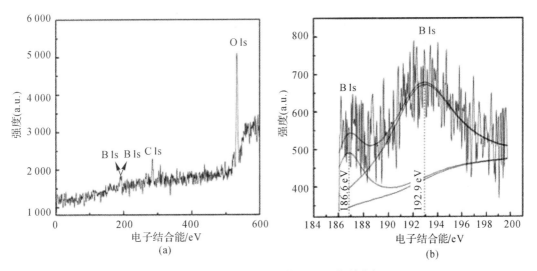

图 6-39 改性后 C/C 基体的 XPS 能谱分析

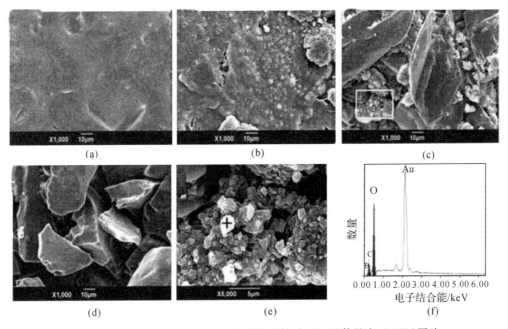

图 6-40 添加不同含量的 B_4C 溶剂热改性后 C/C 基体的表面 SEM 图片
(a)2%;(b)5%;(c)10%;(d)15%;(e)为(c)放大图;(f)为(e)取点 EDS 分析

以硼酸盐溶胶作为前躯体,添加固含量 B_4C 微粉为 10%,溶剂热改性后 C/C 基体的断面 SEM 图片如图 6-41 所示。图中显示在碳基体的内部,有 B_4C 和 B_2O_3 颗粒填充了基体内部的孔隙。这是由于在高温、高压、密闭的溶剂热条件下,混合液相体系中的氧化抑制剂,如硼酸盐溶胶、B_2O_3 和 B_4C 微粉,能够渗透进入碳基体内部的孔隙、裂纹等缺陷[68],填充氧化活性位置,从而从内部提高碳基体的抗氧化性能。

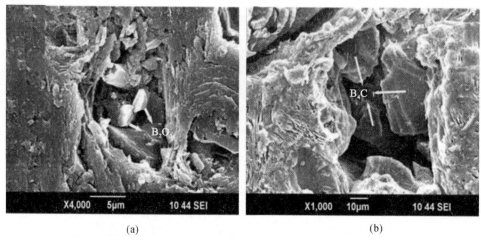

图 6-41　添加 B_4C 质量分数为 10%溶剂热改性后 C/C 基体的断面 SEM 图片
(a)B_2O_3 所占微孔;　(b)B_4C 所占微孔

(4)改性基体的抗氧化性能。以硼酸盐溶胶作为前躯体,添加不同固含量 B_4C 微粉,溶剂热改性后 C/C 基体在 700 ℃的氧化失重曲线如图 6-42 所示。氧化初始阶段,改性后试样的质量出现增加现象。通过对氧化 6 h 后的碳基体表面进行的 XRD 测试(见图 6-43)可知,氧化以后,碳基体表面 B_4C 衍射峰强度降低,而 B_2O_3 衍射峰强度上升,说明碳基体表面覆盖层中的 B_4C 与氧气发生氧化反应,即

$$B_4C(s)+4O_2 \xrightarrow{700 ℃} 2B_2O_3(s)+CO_2(g) \qquad (6-14)$$

生成了 B_2O_3。延长氧化测试时间后,碳基体开始由质量增加转变为质量降低。但是质量损失率一直保持在较低水平,这说明碳基体经过溶剂热改性以后,其抗氧化性能有了明显提高,且随着提升 B_4C 的添加量,碳基体的抗氧化性能趋于更优异,在添加 15%的 B_4C 氧化 20 h 后,碳基体的氧化失重率仅为 2.21%。

6.6.2　溶剂热时间对改性 C/C 基体的影响

(1)改性基体的 XRD 物相分析。以硼酸盐溶胶作为前躯体,在 140 ℃添加 10%的 B_4C 经不同溶剂热时间改性的 C/C 基体的表面 XRD 图谱如图 6-44 所示。经过不同时间溶剂热改性后,碳基体表面均被 B_4C 和 B_2O_3 组成的保护层所覆盖。随着改性时间增加,B_4C 的特征衍射峰双峰强度上升,而少量 B_2O_3 衍射峰强度先增加又降低;随着改性时间继续延长,氧化抑制剂在碳基体中达到扩散渗透平衡时,B_4C 开始在碳基体表面沉积,

沉积量上升,而少量 B_2O_3 颗粒被更多 B_4C 覆盖,同时 B_2O_3 的部分溶解都导致了其峰强度下降。

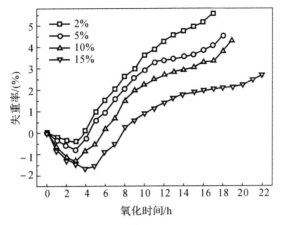

图 6-42 添加不同含量的 B_4C 改性后 C/C 基体在 700 ℃的氧化测试曲线

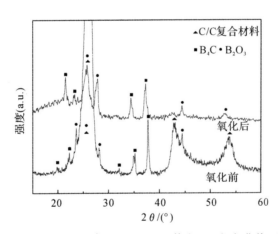

图 6-43 添加 B_4C 质量分数为 15% 改性后 C/C 基体在 700 ℃氧化前、后的表面 XRD 图谱

(2)改性基体的抗氧化性能。以硼酸盐溶胶作为前躯体,在 140 ℃添加 10% 的 B_4C 经不同溶剂热时间改性的 C/C 基体在 700 ℃的氧化失重曲线如图 6-45 所示。在氧化测试的初始阶段,改性后试样出现的质量增长是由 B_4C 与氧气发生氧化反应生成 B_2O_3 所致;随着处理时间的上升,改性后基体试样的氧化失重率逐渐降低;当时间由 48 h 上升至 72 h 时,基体试样的抗氧化性能的提高不再明显;当改性时间高于 48 h 时,改性试样具有更优异的抗氧化性能。

6.6.3 溶剂热温度对改性 C/C 基体的影响

(1)改性基体的 XRD 物相分析。以硼酸盐溶胶作为前躯体,添加质量分数为 10% 的 B_4C 保温 48 h 经不同溶剂热温度改性的 C/C 基体的表面 XRD 图谱如图 6-46 所示。改性后碳基体表面均被 B_4C 和 B_2O_3 相组成的保护层所覆盖。通过提高溶剂热改性处理温度，B_4C 的特征双峰出现了先增强后减弱的趋势。这可能是由于温度上升有利于 B_4C 晶粒长大，但是同时有利于 B_4C 发生反应生成 B_2O_3，而 B_2O_3 的衍射峰强度先出现了略微的上升，然后又下降并宽化。这说明温度的上升有利于 B_2O_3 相的产生，但是部分 B_2O_3 在溶剂热体系中又发生了熔融现象，导致 B_2O_3 的衍射峰强度下降。

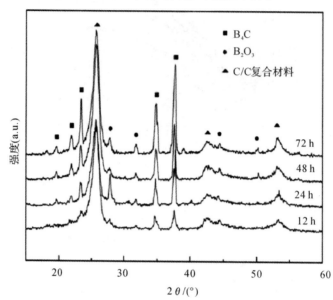

图 6-44 140 ℃添加 10％的 B_4C 经不同时间溶剂改性后 C/C 复合材料的表面 XRD 图谱

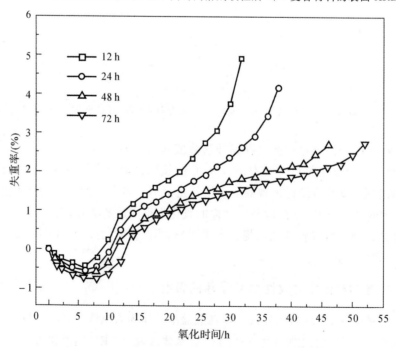

图 6-45 不同溶剂热时间改性 C/C 复合材料 700 ℃的氧化测试曲线

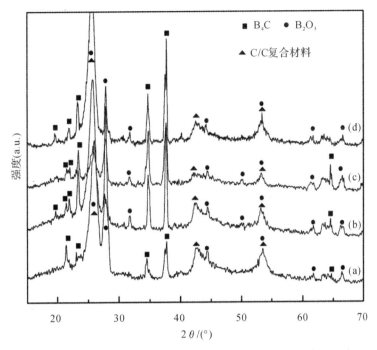

图 6-46 添加 10% 的 B_4C 保温 48 h 经不同溶剂热温度改性 C/C 复合材料表面 XRD 图谱
(a)100 ℃;(b)120 ℃;(c)140 ℃;(d)160 ℃

(2)改性基体的抗氧化性能。以硼酸盐溶胶作为前躯体,添加 10% 的 B_4C 保温 48 h 经不同温度溶剂热改性处理的 C/C 基体在 700 ℃ 的氧化测试曲线如图 6-47 所示。在氧化测试的初始阶段,改性后试样出现的质量增长是由 B_4C 与氧气发生氧化反应生成 B_2O_3 导致的;随着处理温度上升,改性后基体试样的氧化失重率逐渐降低;当温度由 140 ℃ 上升至 160 ℃ 时,基体抗氧化性能的提高不再明显;当改性温度高于 140 ℃ 时,改性试样具有更优异的抗氧化性能。

6.6.4 B_4C-硼酸盐溶胶体系溶剂热改性 C/C 基体的氧化动力学机制分析

根据之前对 B_4C 加入量、不同的溶剂热温度、不同的溶剂热时间等因素的对碳基体抗氧化性能影响的研究发现,碳基体的最佳改性工艺条件为 B_4C 加入量为 15%,溶剂热改性处理温度为 140 ℃,溶剂热改性处理时间为 48 h。此工艺条件下改性得到的试样具有最优异的抗氧化性能,本节对其进行不同温度范围内的氧化测试,对其氧化行为进行分析,并对其氧化动力学机制进行分析研究。

(1)改性基体的 XRD 物相分析。图 6-48 是 B_4C 加入量为 15%,140 ℃ 溶剂热改性 48 h 后 C/C 复合材料的表面 XRD 图谱。从图中可以看出,经过溶剂热改性的 C/C 基体表面出现了 B_4C,B_2O_3 和 C/C 基体的衍射峰。说明溶剂热改性后,试样表面存在 B_4C 和 B_2O_3 晶相。B_2O_3 的出现可能是由于硼溶胶的水解,即

$$B(OC_4H_9)_3 + nH_2O \longrightarrow B(OC_4H_9)_{3-n}(OH)_n + nC_4H_9OH \qquad (6-15)$$

$$2B(OC_4H_9)_{(3-n)}(OH)_n \longrightarrow [B(OC_4H_9)_{3-n}(OH)_{n-1}]_2O + H_2O \qquad (6-16)$$

$$2B(OC_4H_9)_3 + 3H_2O \longrightarrow B_2O_3 + 6C_4H_9OH \qquad (6-17)$$

以及部分 B_4C 在高温高压溶剂热状态下反应生成非晶态的 B_2O_3 造成的[69]，即

$$B_4C + 8H_2O \xrightarrow[160\ \text{℃}]{\text{溶剂热}} 2B_2O_3 + CO_2 \uparrow + 8H_2 \uparrow \qquad (6-18)$$

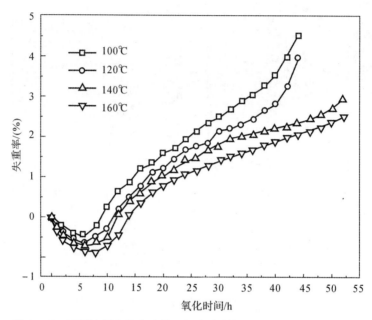

图 6-47　不同溶剂热温度改性 C/C 复合材料 700 ℃的氧化测试曲线

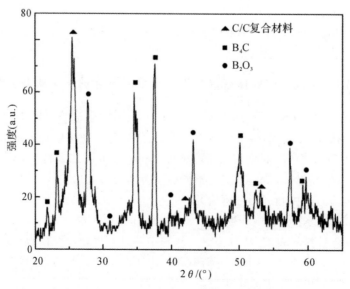

图 6-48　添加 15% B_4C 在 140 ℃保温 48 h 溶剂热改性后 C/C 复合材料表面 XRD 图谱

(2)改性基体的显微结构。图 6-49 是溶剂热改性处理后的 C/C 复合材料的表面 SEM 图片和 EDS 能谱分析。从图中可以看出,与未经改性处理的 C/C 复合材料(见图 6-49(a))表面存在大量孔洞等缺陷的情况相比,经过溶剂热改性处理后的复合材料表面被一层光滑而连续的类似玻璃相的涂层所覆盖(见图 6-49(b))。在玻璃相涂层的表面,分布了一些菱形的微晶(见图 6-49(c)),根据 EDS 能谱分析,这些微晶主要是由 C 元素和少量的 O 元素组成(见图 6-49(d));而玻璃涂层的表面组成主要是 O 元素和少量 C 元素(见图 6-49(e))。

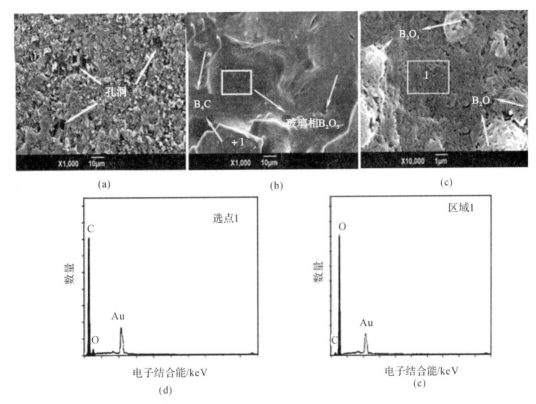

图 6-49 溶剂热改性后 C/C 复合材料表面 SEM 图片和 EDS 能谱分析

(a)未改性 C/C 复合材料;(b)玻璃相除层表面;(c)溶剂热处理;(d)(e)为 EDS 能谱分析

(3)改性后 C/C 基体不同温度的恒温氧化性能测试。图 6-50 是经溶剂热改性后的 C/C 复合材料在 600～900 ℃的温度范围内恒温氧化测试的氧化失重曲线。从图中可以看出,在低于 650 ℃恒温氧化 20 h 后,试样没有发生失重,反而出现少量的增重。C/C 复合材料试样在高于 700 ℃氧化 20 h 后,试样发生了失重,但其质量损失较少,仅为 1.36×10^{-2} g·cm^{-2}。但是继续升高氧化温度,氧化的速率明显加快,失重量迅速上升。氧化测试结果表明,溶剂热改性后形成的涂层能够在 700 ℃以下有效地阻碍氧气气氛对于 C/C 复合材料基体的冲击,提高材料的抗氧化性能。升高氧化测试温度,C/C 复合材料的失重量呈现线性增加的趋势。

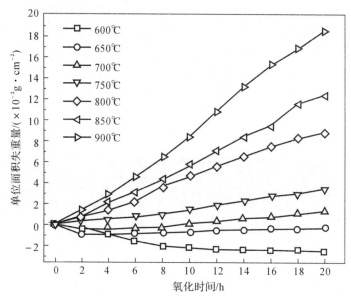

图 6-50　改性后 C/C 复合材料不同温度下恒温氧化失重曲线

　　(4)改性后 C/C 基体在 700 ℃的 SEM 显微结构。图 6-51 是 C/C 复合材料在 700 ℃恒温氧化 20 h 后的表面 SEM 图片。从图中可以看出,试样的表面仍被一层完整的玻璃层所覆盖,玻璃层中有一些从熔融态急速冷却析晶的 B_2O_3 微晶,同时一些孔洞和裂纹被玻璃态 B_2O_3 填充和愈合。这说明玻璃层仍然在持续并且有效地保护着 C/C 复合材料。改性后的 C/C 复合材料的氧化机理可通过下述氧化动力学研究进行分析。

　　(5)改性后 C/C 基体的氧化行为分析。图 6-52 是氧化温度为 700 ℃,经溶剂热改性后 C/C 复合材料的等温氧化曲线,从图中可以看出,在氧化初期阶段(1—6 h),由于 B_4C 的氧化激活能很低[70],B_4C 会先于 C/C 复合材料与氧气发生氧化反应:

$$B_4C+4O_2 \xrightarrow{\geqslant 600 ℃} 2B_2O_3 + CO_2 \uparrow \qquad (6-19)$$

生成玻璃态的 B_2O_3,导致试样发生增重现象。在整个过程中,B_4C 本身起到了吸氧剂的作用,而生成的 B_2O_3 在氧化温度下具有流动性,能起到填充试样的缺陷从而抑制氧化的作用。延长氧化时间(6—8.7 h),生成的玻璃态 B_2O_3 对 B_4C 颗粒的铺展以及 C/C 复合材料表面缺陷的填封作用明显,阻碍了氧气与 B_4C 和 C/C 基体接触而发生氧化[39],B_4C 的氧化速率下降明显。同时 B_2O_3 的挥发造成改性后试样的质量增加逐渐减少。继续延长氧化时间(8.7—20 h),C/C 复合材料开始出现质量损失,且质量损失与氧化时间之间呈近似抛物线的函数关系。这是由于长时间的高温作用,B_2O_3 挥发累积量增大[54]而产生一定质量损失,且部分氧气通过扩散作用经 B_4C 和 B_2O_3 组成的氧化抑制层与 C/C 复合材料基体相接触,C/C 复合材料的氧化失重程度明显加剧。但是由于玻璃涂层仍能够愈合和填封 C/C 复合材料表面的缺陷,氧气无法通过缺陷扩散,C/C 复合材料的氧化失重速率仍然保持在一个较低的水平,说明 B_2O_3 玻璃涂层可有效地保护 C/C 复合材料。此时气体的扩散过程控制着 C/C 复合材料试样的氧化行为[71]。

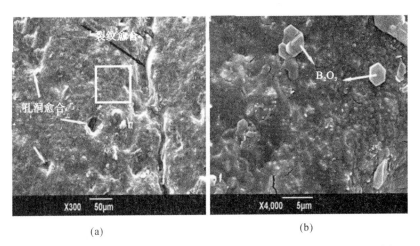

图 6-51 改性后 C/C 复合材料 700 ℃恒温氧化 20 h 后的表面 SEM 图片
(a)SEM 图片;(b)为(a)的放大图

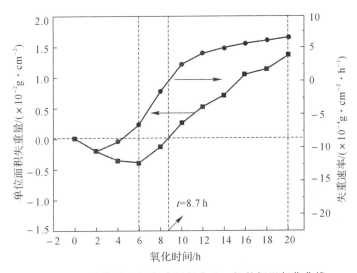

图 6-52 改性后 C/C 复合材料在 700 ℃的恒温氧化曲线

溶剂热改性后的 C/C 复合材料在不同温度下恒温氧化后的质量变化与氧化时间之间的关系如图 6-53 所示。由图 6-53(a)(b)可以看出,经 600 ℃和 650 ℃恒温氧化测试后,改性的 C/C 复合材料试样在此温度段内一直处于质量增加状态。这是由于 B₄C 在高于 600 ℃的有氧环境中会发生氧化生成非晶态 B_2O_3[39]。而 700～900 ℃恒温氧化测试后的C/C复合材料的质量损失与氧化时间之间的曲线关系(见图 6-53(c)～(g))呈近似的线性函数关系。这种关系可表示为

$$-\frac{\mathrm{d}m}{\mathrm{d}t} = km_0 \qquad\qquad (6-20)$$

式中 k——蒸发速率常数;

m_0——改性后 C/C 复合材料的初始质量。氧化速率常数 k 满足阿伦尼乌斯公式,即

$$k = A\exp\left(\frac{-E_a}{RT}\right) \qquad (6-21)$$

式中　　A——常数,称为指前因子;

　　　　E_a——C/C 复合材料的氧化活化能;

　　　　T——热力学温度;

　　　　R——气体摩尔常量。

结合式(6-20)和式(6-21)能得到 $\ln k$ 与温度 T 之间的关系,有

$$\ln k = \ln A - \frac{-E_a}{RT} \qquad (6-22)$$

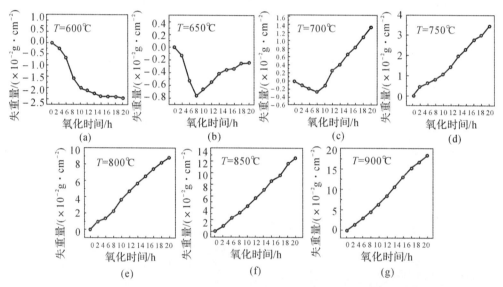

图 6-53　改性后 C/C 复合材料的恒温氧化失重曲线

(a)600 ℃;(b)650 ℃;(c)700 ℃;(d)750 ℃;(e)800 ℃;(f)850 ℃;(g)900 ℃

根据阿伦尼乌斯公式(见式(6-22)),分别以 $1/T$,$\ln k$ 为横、纵坐标拟合曲线,得到图6-54。

图 6-54 反映的是 $1/T$ 和 $\ln k$ 之间的关系,从图中可以看出,两者的关系不是由一条直线组成的,而是由两条斜率不同的直线构成的,且直线的交点在 800 ℃。由此可知,C/C复合材料在 600～900 ℃氧化温度范围的氧化过程可分为两个阶段。通过计算得到低温段(600～800 ℃)和中温段(800～900 ℃)的基体的氧化活化能分别为 164.2kJ/mol 和 78.5kJ/mol,这与 Luo Rui-ying[59] 等报道的氧化活化能数据相对应,且氧化过程转变点在 800 ℃,改性后的 C/C 复合材料的氧化过程转折点较之 Huang Jian-feng[67] 等报道的未改性 C/C 复合材料的氧化过程转折点(见图 6-54(a))上升了 200 ℃(见图 6-54(b)),说明在同一温度下,与未改性的试样相比,改性后的试样的氧化行为受到了有效抑

制，基体的抗氧化性能上升幅度很大。

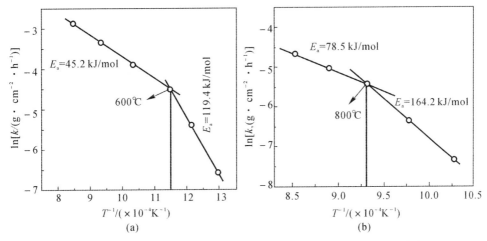

图6-54　C/C复合材料在稳态氧化阶段的 $\ln k$ 与 $1/T$ 之间的关系曲线

(a)未改性；(b)溶剂热改性

Walker 等将碳材料的氧化过程分为三个阶段[72]（见表6-9）。

表6-9　碳材料的氧化控制过程

序　号	温度区域	氧化控制过程
1	低温区	碳的氧化受控于氧与碳材料表面氧化活性源发生的化学反应
2	中温区	氧化则受控于氧通过界面、孔洞、微裂纹等缺陷向碳材料内的扩散速率
3	高温区	氧化由氧在碳材料表面的气体边界层中的扩散速率所控制

Han 等[73]通过实验发现C/C复合材料的氧化过程也存在三个阶段，且低、中、高温区所对应的氧化激活能分别见表6-10。

表6-10　C/C复合材料在不同温度区间内的氧化激活能

序　号	温度区域	氧化激活能/(kJ·mol^{-1})
1	低温区	178.2～217.2
2	中温区	112.0～125.5
3	高温区	18.8～43.9

根据实验结果可知，未改性的C/C复合材料在低于600 ℃氧化时，氧气和碳基体之间的化学反应控制其氧化过程；在600～900 ℃范围内，氧在材料缺陷当中的扩散作用控制其氧化过程。而经过改性的C/C复合材料在低温和中温区的氧化激活能与未经过改性的C/C复合材料相比有明显的提高，改性后材料的抗氧化性获得了有效提升。

根据前人的研究，并结合实验数据研究发现，与没有经过改性处理的C/C复合材料的氧化机制相比较而言，经过 B$_4$C 改性的C/C复合材料的氧化机制发生改变，在600～900 ℃范围内的氧化行为主要受以下两个过程控制。

(1)在低于 800 ℃温度范围内,C/C 复合材料的氧化主要受 O_2,CO 和 CO_2 在 C/C 复合材料表面覆盖的 $B_2O_3-B_4C$ 层中的扩散速率控制,即涂层扩散控制。

(2)在 800~900 ℃范围内,C/C 复合材料的氧化主要受 O_2 在保护层与 C/C 基体界面处、材料表面缺陷处的扩散速率控制,即缺陷扩散控制。

6.6.5 小结

通过添加 B_4C 微粉,与硼酸盐溶胶前驱物共同作为改性剂对 C/C 基体进行溶剂热改性的研究发现,处理后的试样表面出现了 B_4C 颗粒、B_2O_3 微晶以及玻璃态的覆盖物,其中 B_2O_3 微晶由硼酸盐溶胶的反应获得,而玻璃覆盖层可能是部分 B_4C 溶剂热反应生成的 B_2O_3 以及溶胶反应获得的 B_2O_3 微晶在高温高压体系中发生溶解形成的。改性后试样的氧化测试结果表明,氧化前期 C/C 基体持续增重,这是由于低氧化激活能的 B_4C 微粉先于碳基体与氧气反应生成 B_2O_3 而增重,试样的增重量放缓是由于 B_4C 的消耗量增加导致的,且在这个过程中,基体表面的 $B_4C-B_2O_3$ 涂层逐渐转变为 B_2O_3 作为主要成分的玻璃涂层,在基体试样的氧化后期的逐渐失效是由于 B_2O_3 的少量挥发导致覆盖层不再完整造成的。通过对添加 B_4C 溶剂热改性的过程中的 B_4C 的添加量、溶剂时间、温度以及氧化机制的探索研究发现,当 B_4C 的添加质量分数为 15%,溶剂时间为 48 h,溶剂热温度为 140 ℃时,改性后的碳基体的抗氧化性能最优。此时的氧化机制为覆盖层中的 B_4C 先与氧气反应导致增重,B_2O_3 高温熔融形成玻璃层对碳基体的缺陷和涂层中的裂纹进行修复,从而保护 C/C 基体。改性后试样可以在 900 ℃短时间保护碳基体,在 800 ℃以下长时间保护 C/C 基体。

6.7 $B_2O_3-B_4C$ -硼酸盐溶胶体系溶剂热改性 C/C 复合材料的工艺因素、结构表征及性能研究

在分析了硼酸盐溶胶前躯体中分别添加 B_2O_3 和 B_4C 微粉对 C/C 基体进行溶剂热改性处理后,对改性处理温度、时间和微粉加入量进行了研究,得到了良好的工艺条件。接下来又研究在改性过程中,同时添加 B_2O_3 和 B_4C 微粉对碳基体进行改性后的性能,对 B_2O_3 和 B_4C 微粉的添加比例、溶剂热改性时间、温度、改性后碳基体的氧化行为以及 B_2O_3 和 B_4C 在改性过程中起的抗氧化作用进行研究。

6.7.1 B_2O_3,B_4C 配比对改性 C/C 基体的影响

(1)改性基体的 XRD 物相分析。同时添加 B_4C 和 B_2O_3 微粉,通过改变它们的加入比例,经过溶剂热 48 h,溶剂热温度 140 ℃改性的 C/C 基体的表面的 XRD 图谱如图 6-55 所示。从图中 B_4C 和 B_2O_3 衍射峰强度的变化发现,当 B_2O_3 与 B_4C 的比例为 4∶1 和 3∶1 时,B_4C 的衍射峰不明显,并且碳基体自身的特征衍射峰强度很弱,说明此时碳基体的表面主要被 B_2O_3 和少量 B_4C 组成的保护层所覆盖;而当 B_2O_3 与 B_4C 的比例从 2∶1

变化到 1：2 时，碳基体表面 B_4C 的衍射峰强度逐渐上升，此时改性后的碳基体表面的覆盖层的主要成分变为 B_4C 和少量 B_2O_3 组成的覆盖层。XRD 图谱得到的数据与两者的加入比例存在一种对应关系。

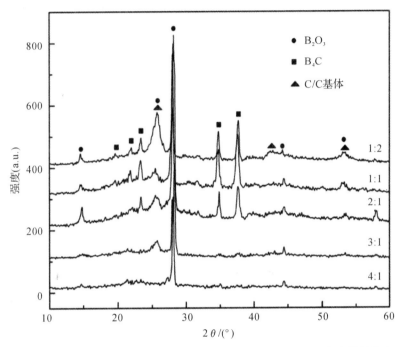

图 6-55　添加不同比例 B_2O_3 和 B_4C 在 140 ℃保温 48 h 溶剂热改性 C/C 复合材料的表面 XRD 图谱

（2）改性基体的抗氧化性能。同时添加 B_4C 和 B_2O_3 微粉进行改性，改变它们两者的加入比例，经过溶剂热改性的 C/C 基体在 700 ℃ 的静态空气中的等温氧化测试图如图 6-56所示。从图中所反映出的改性碳基体的质量变化可以得到，通过同时添加 B_4C 和 B_2O_3 微粉，在溶剂热改性后的基体的抗氧化性能提升显著，且均优于单独用 B_2O_3 或 B_4C 固体氧化抑制剂作为改性物质时的抗氧化性能，当控制 B_4C 和 B_2O_3 微粉的添加比例为 4：1，3：1，2：1 时，随着降低 B_2O_3 的加入比例，改性后碳基体的抗氧化性能依次提升；而当继续降低 B_2O_3 的加入量，即增加 B_4C 的加入量后，碳基体的抗氧化性能没有获得有效提高，反而出现了性能下降的状况，这说明，B_2O_3 和 B_4C 两者的加入比例有一个平衡值。由图 6-56 的氧化测试结果分析得出，其加入量的最优比例在 2：1 附近。从图中还发现，在氧化的前期，碳基体没有出现失重现象，而是在持续增重。在碳基体表面，存在覆盖着的氧化激活能很低的 B_4C 将先于碳基体与氧气发生化学反应，生成 B_2O_3 导致增重现象的出现，生成的 B_2O_3 量的不断上升，使得碳基体氧化初期出现了质量快速增加，延长氧化测试时间以后，碳基体的增重程度下降。这是由于 B_4C 氧化生成 B_2O_3 的量会随着 B_4C 的减少而减少，并且改性过程中添加的 B_2O_3 和氧化生成的 B_2O_3 会覆盖或填充 B_4C 颗粒表面或者颗粒之间的间隙，使得 B_4C 暴露于氧气气氛中的量减少，从而质量增加不在明显，而继续进行氧化，碳基体表面覆盖层中的 B_2O_3 含量继续上升，B_4C 含量继续下降。由于 B_2O_3 的高温流动性和低黏度的特性,覆盖层开始能够在碳基体表面流动起来,氧气气氛能够通过扩散作用通过熔融覆盖层,与碳基体发生氧化反应,使得碳基体开始出现质量降低的现象,此时 B_2O_3 单相覆盖层的防氧化性能开始下降。

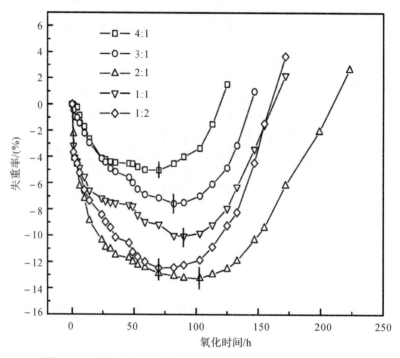

图 6-56 改性后 C/C 复合材料在 700 ℃ 的等温氧化失重曲线

6.7.2 B_2O_3,B_4C 改性时间对改性 C/C 基体的影响

在研究了 B_2O_3 和 B_4C 微粉不同添加比例改性后碳基体抗氧化性能后,由于当 B_2O_3 和 B_4C 添加量比例为 2:1 时的抗氧化性能较好,在研究溶剂热改性处理时间的影响时,将 B_2O_3 与 B_4C 的加入量比例控制在 2:1,研究在改性碳基体过程中,溶剂热时间从 12 h 到 72 h 对碳基体的表面物相组成以及抗氧化性能等的影响。

(1)改性基体的 XRD 物相分析。添加 B_2O_3 和 B_4C 微粉,以硼酸盐溶胶为前驱物,通过不同溶剂热改性时间处理得到的碳基体的表面 XRD 图谱如图 6-57 所示。经过不同时间改性后的碳基体的表面出现了除其自身衍射峰之外的 B_2O_3 和 B_4C 的衍射峰。随着溶剂热处理时间的增长,B_4C 的衍射峰强度先增加后降低,这是由于较短的溶剂热时间内,B_4C 和 B_2O_3 出现浸渍渗透沉积,但随着时间的延长,B_4C 在溶剂热体系中发生反应生成 B_2O_3,而 B_2O_3 相随着溶剂热时间的延长发生部分溶解,且覆盖层厚度上升,这些都导致了 B_2O_3 和 B_4C 以及材料本身的特征衍射峰的强度不明显,说明此时碳基体被 B_2O_3-B_4C 保护层很好地包覆着,碳基体的缺陷、氧化活性点被覆盖层有效填充而减少。

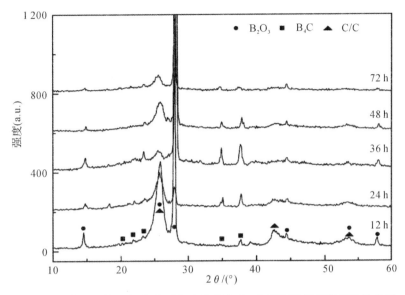

图 6-57　在 140 ℃ B$_2$O$_3$ 与 B$_4$C 加入比例为 2∶1、不同时间溶剂热改性 C/C
复合材料表面 XRD 图谱

(2)改性基体的抗氧化性能。添加 B$_2$O$_3$ 和 B$_4$C 微粉,以硼酸盐溶胶为前驱物,在不同溶剂热处理时间改性后的碳基体在 700 ℃氧化测试曲线如图 6-58 所示。经过溶剂热改性后的碳基体,其抗氧化性能都有提升,在 12—48 h,随着溶剂热改性时间的延长,碳基体的抗氧化性能逐渐提高。但继续延长改性时间至 72 h 时,碳基体相比较于 48 h 时的抗氧化性能有所下降,这说明,溶剂热的改性时间不是越长越好,而是有个最优改性时间段。从改性后基体的抗氧化性能可知,该最优时间段在改性时间为 48 h 左右,经过此时间改性的碳基体的抗氧化性能优于其他改性时间内的试样。

由如图 6-59 所示的溶剂热改性 48 h 后 C/C 基体在 700 ℃的等温氧化曲线得出,氧化最初阶段,涂层中的 B$_4$C 会先于 C/C 基体被氧气进行氧化,在其表面生成 B$_2$O$_3$(见图 6-60(a))。随着氧化时间的延长,B$_4$C 氧化质量增大,生成 B$_2$O$_3$ 速率下降,试样不再明显增重,从 SEM 图片中发现此时涂层表面出现了少量微裂纹(见图 6-60(b))。试样在继续氧化时增重停止并开始表现出缓慢失重,结合 SEM 形貌分析(见图 6-60(c))发现,B$_4$C 基本已经全部转化为 B$_2$O$_3$,且涂层中出现大量微裂纹,这些裂纹在氧化温度下由于 B$_2$O$_3$ 熔融流动性可以愈合。氧化后期,B$_2$O$_3$ 挥发明显,基体表面出现大量氧化腐蚀区(见图 6-60(d)),涂层出现不可逆破坏,出现了明显的氧化失重。

6.7.3　B$_2$O$_3$,B$_4$C 改性温度对改性 C/C 基体的影响

在研究了 B$_2$O$_3$ 与 B$_4$C 的添加比例和溶剂热改性时间对碳基体抗氧化性能的影响之后,又研究了溶剂热改性处理温度对碳基体的影响。控制 B$_2$O$_3$ 和 B$_4$C 的初始添加比例为 2∶1,溶剂热时间 48 h,溶剂热温度为 100 ℃,120 ℃,140 ℃,160 ℃。

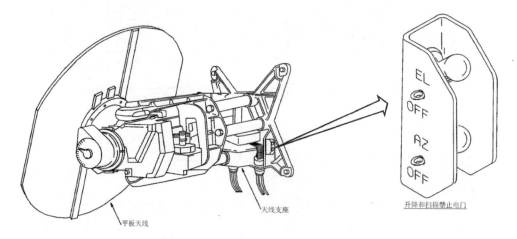

平板天线　　　　天线支座　　　　升降和扫描禁止电门

图 6-58　不同时间溶剂热改性后 C/C 基体在 700 ℃的等温氧化失重曲线

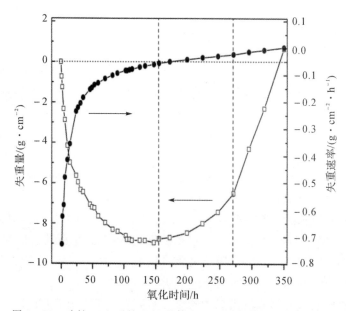

图 6-59　改性 48 h 后的 C/C 基体在 700 ℃的等温氧化失重曲线

　　(1)改性基体的显微结构。添加 B_2O_3 和 B_4C 微粉,以硼酸盐溶胶为前驱物,在不同溶剂热处理温度下改性后的碳基体的表面 SEM 形貌如图 6-61 所示。从图中明显地看出,经过改性的碳基体表面的孔洞和微裂纹被 B_2O_3-B_4C 组成的覆盖层填充、覆盖,覆盖层本身也没有明显的缺陷,覆盖层中玻璃态的物质和颗粒状物质同时存在。在经历不同温度溶剂改性后,碳基体表面覆盖层形貌变化趋势是:玻璃态物质组分上升,颗粒状物质组分下降,并且逐渐被玻璃态物质所包覆。

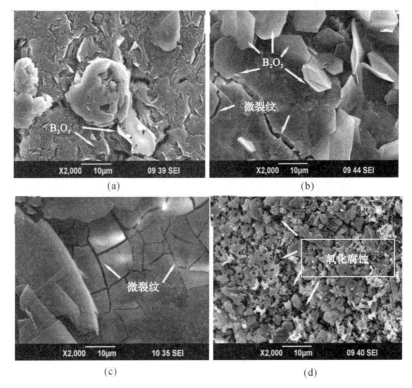

图6-60 改性48 h后的C/C复合材料在700 ℃氧化不同时间时的表面SEM图片
(a)24 h;(b)100 h;(c)200 h;(d)270 h

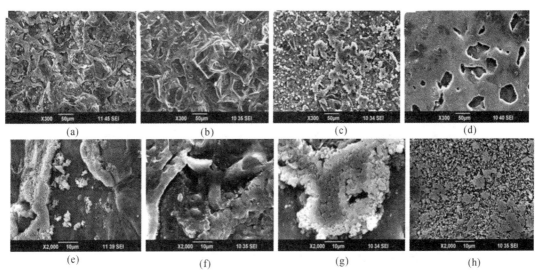

图6-61 B₂O₃与B₄C加入比例为2∶1、不同温度保温48 h改性后C/C复合材料表面SEM图片
(a)(e)100 ℃;(b)(f)120 ℃;(c)(g)140 ℃;(d)(h)160 ℃

从表面 O 元素分布分析和 EDS 能谱(见图 6-62)分析可知,随着溶剂热温度的上升,覆盖层中 O 元素含量上升明显。由于 B_2O_3 中硼原子质量小,在 EDS 能谱分析不能被有效测定,因此可以根据覆盖层中 O 元素的含量来表征 B_2O_3 在覆盖层中的含量。O 元素含量随着氧化温度上升而逐渐增加的结果(见表 6-11),说明 B_2O_3 在覆盖层中的含量会有所增加,覆盖层中 B_2O_3 与 B_4C 的比例会略高于 2∶1。

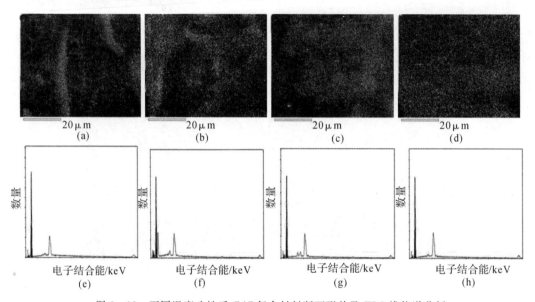

图 6-62 不同温度改性后 C/C 复合材料断面形貌及 EDS 线能谱分析
(a)(e)100 ℃;(b)(f)120 ℃;(c)(g)140 ℃;(d)(h)160 ℃

表 6-11 不同温度改性后 C/C 基体表面涂层中的 O 元素含量

序号	元素	质量分数/(%)	原子分数/(%)
1	O	73.16	66.10
2	O	88.42	84.33
3	O	92.03	89.66
4	O	94.42	92.70

添加 B_2O_3 和 B_4C 微粉,以硼酸盐溶胶为前驱物,在不同溶剂热处理温度改性后的碳基体的断面 SEM 图片及 EDS 线能谱分析如图 6-63 所示。图 6-63 反映出,随着溶剂热温度上升,涂层的厚度均有不同程度的增加,从断面的线能谱分析得知,O 元素的分布显示,随着溶剂热温度上升,更多的 O 元素在碳基体和涂层界面处聚集,并且一部分进入了碳基体的内部。通过表征 B_2O_3 有部分渗透进入了碳基体内部且随着溶剂热温度上升,其渗透进入碳基体的深度进一步加大,说明在碳基体表面被 B_2O_3 和 B_4C 组成涂层的同时,基体内部也有 B_2O_3 渗透进入,两方面的协同作用,共同保护碳基体,提高其抗氧化性能。

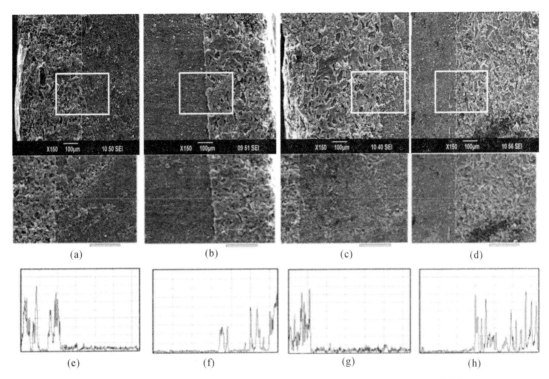

图 6 - 63　不同温度改性后 C/C 复合材料断面 SEM 图片及 EDS 线能谱分析
(a)(e)100 ℃;(b)(f)120 ℃;(c)(g)140 ℃;(d)(h)160 ℃

　　(2)改性基体的抗氧化性能。添加 B_2O_3 和 B_4C 微粉,以硼酸盐溶胶为前驱物,在不同溶剂热处理温度改性后的碳基体在 700 ℃氧化测试曲线图谱如图 6 - 64 所示。经过溶剂热改性后的碳基体,其抗氧化性能都有提升。在 100~140 ℃,随着溶剂热改性温度的上升,碳基体的抗氧化性能逐渐提高,根据之前的 XRD 和 SEM 分析可知,B_2O_3 在高温时能更好地弥散于外部涂层中,填充涂层以及基体内部的缺陷,从而保护涂层完整性,隔绝外部氧气气氛与碳基体,保护碳基体不被氧化。但继续升温至 160 ℃时,碳基体的抗氧化性能相比较于 140 ℃时有所下降,这说明,溶剂热的改性温度不是越高越好,而是有个最优改性温度段。从改性后基体的抗氧化性能可知,该最优时间段在改性温度为 140 ℃左右,经过此时改性后的碳基体的抗氧化性能优于其他改性温度内的试样。

6.7.4　B_2O_3,B_4C -硼酸盐溶胶体系溶剂热改性 C/C 基体的氧化行为分析

　　以硼酸盐溶胶作为前驱物,在同时添加 B_2O_3 和 B_4C 微粉作为固体改性抑制剂,通过改变 B_2O_3 和 B_4C 的加入比例、溶剂热改性处理的时间和温度等工艺条件,对碳基体进行改性和性能研究,发现在一段氧化时间内,碳基体都出现了持续增重现象。而随着氧化时间的继续增加,碳基体增重现象逐渐转变为增质量降低的趋势。经过分析推测,持续的增重是由 B_4C 氧化生成 B_2O_3 所致,生成的 B_2O_3 能填充 B_4C 颗粒间的孔隙,并部分覆盖 B_4C

颗粒,达到涂层致密化的作用,而增重量降低是由于 B_4C 含量随着氧化进程而减少,单位时间内生成的 B_2O_3 量减少,且 B_2O_3 能够在氧化温度条件下,熔融形成具有流动性、低黏度,有一定挥发性的玻璃态,此时的涂层能够通过流动来愈合填封其自身在氧化过程中产生的缺陷,但同时挥发会导致 B_2O_3 的量出现降低,且由于 B_4C 含量的降低,此时碳基体表面涂层主要组成变为 B_2O_3,部分氧气气氛能够通过扩散作用通过高温条件下较低黏度的熔融态涂层,与基体发生氧化作用,导致碳基体部分被氧化,造成了增重现象降低,最终转变为失重状态。综上所述,B_4C 和 B_2O_3 在碳基体抗氧化过程中的作用随着氧化时间和阶段的不同而有所不同,利用模拟实验对这两者在碳基体抗氧化过程中的作用进行分析。

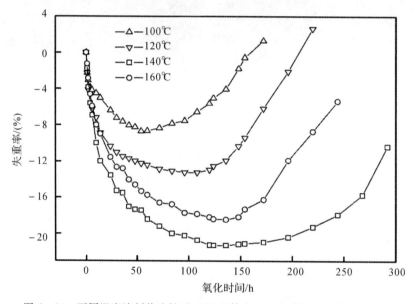

图 6-64 不同温度溶剂热改性后 C/C 基体在 700 ℃的恒温氧化失重曲线

(1)不同温度下对 B_4C 微粉的氧化测试。使用如图 6-65 所示的坩埚(底部半径 $r=$ 10 mm,高度 25 mm)盛放改性实验中所使用的 B_4C 微粉。盛放的 B_4C 微粉的质量为 2g,分别在 600 ℃,650 ℃,700 ℃,750 ℃和 800 ℃对 B_4C 进行氧化测试,得到的氧化测试曲线如图 6-66 所示。由图 6-66 所示氧化测试结果可知,经过不同温度下的氧化反应后,B_4C 的质量均出现了增加,从之前的分析可知,这是由 B_4C 与氧气反应生成 B_2O_3 所致,而 B_4C 的增重现象从最初的显著上升到后来上升缓慢并趋于平稳。这种现象反映出,随着氧化反应的进行,定量的 B_4C 微粉由于氧化消耗逐渐减少,生成的 B_2O_3 的量由开始的迅速增加到缓慢上升,同时 B_4C 微粉颗粒表面原位生成的 B_2O_3 会对其进行包覆,造成 B_4C 颗粒与氧气的接触面积减少,B_4C 量的减少以及与氧气接触面积降低两方面共同造成了氧化后期增质量趋于降低,这与 L Y Q[39]的研究结果是一致的。

利用得到的氧化测试曲线,进行分析(见图 6-67)发现,在氧化初期阶段的质量增加量与氧化时间呈线性关系。由吴桢干[71]的研究结果可知,根据这种线性关系可以计算出 B_4C 的氧化激活能,其氧化激活与氧化时间 t 和温度 T 的关系如图 6-68 所示。有

$$\frac{\delta \ln t}{\delta(1/T)} = \frac{Q}{R} \qquad (6-23)$$

式中 Q ——氧化激活能；

R ——气体摩尔常量。

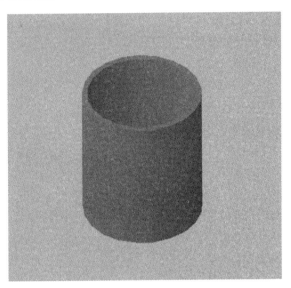

图 6-65 实验中盛放 B_4C 和 B_2O_3 微粉的坩埚示意图

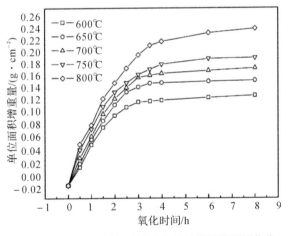

图 6-66 B_4C 微粉在不同温度的恒温氧化测试曲线

根据式(6-23)[69]计算得到的 B_4C 的氧化激活能为 $E_a = 24.41$ kJ/mol,该数值远低于碳基体的氧化活化能。因此当使用 B_4C 作为氧化抑制剂对碳基体进行改性后,B_4C 将先于碳基体与氧气发生反应,既能先消耗氧气,其生成的熔融态 B_2O_3 又能对碳基体起到保护作用。

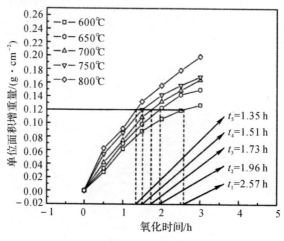

图 6-67　图 6-66 的局部图像

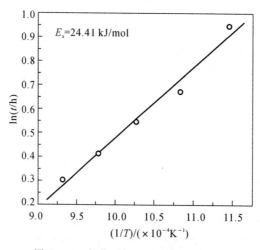

图 6-68　氧化时间 t 和温度 T 的关系

（2）不同温度下对 B_2O_3 微粉的蒸发测试。使用之前实验中使用的坩埚盛放改性实验中所使用的 B_2O_3 微粉，盛放的 B_2O_3 微粉的质量为 2g，分别在 600 ℃，650 ℃，700 ℃，750 ℃和 800 ℃对 B_2O_3 进行蒸发测试，得到的蒸发测试曲线如图 6-69 所示。在图 6-69 中，随着蒸发测试温度的上升，B_2O_3 的蒸发程度显著上升，蒸发量增大明显，且其蒸发率与蒸发测试时间呈线性关系，这种关系可表示为

$$\ln k = \ln A - \frac{-E_a}{RT} \tag{6-24}$$

式中　A——指前因子；

　　　　T——热力学温度；

　　　　R——气体摩尔常量。

通过拟合曲线(见图6-70),可计算得到 B_2O_3 的蒸发活化能 $E_a = 118.72\ kJ/mol$。

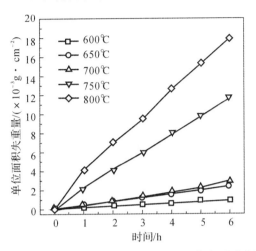

图6-69 不同测试温度下 B_2O_3 微粉的蒸发测试曲线

由计算得出的 B_4C 的氧化激活能远小于 B_2O_3 的蒸发活化能可知,B_4C 的氧化速率远高于 B_2O_3 的蒸发速率。B_4C 的氧化对改性碳基体的氧化增重起明显作用,而 B_2O_3 的蒸发速率较慢,说明 B_2O_3 的挥发失重不是造成改性碳基体出现失重的主要原因,基体本身与氧气发生氧化反应导致的失重应该为其质量损失的主要原因。

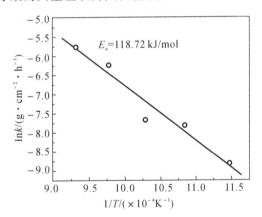

图6-70 B_2O_3 的蒸发速率常数 k 和测试温度 T 之间的关系

但是存在 B_4C 的氧化生成 B_2O_3 和 B_2O_3 发生蒸发的现象,将这种现象看做是一个连串反应[74],即

$$B_4C \xrightarrow{k_1} B_2O_3(l) \xrightarrow{k_2} B_2O_3(g) \qquad (6-25)$$

式中　k_1——B_4C 的氧化速率常数;

　　　k_2——B_2O_3 的蒸发速率常数。

根据对之前的图像拟合(见图6-71和图6-72)得到的速率常数 k_1 和 k_2,可以计算

出 B_4C 的氧化活化能和 B_2O_3 的蒸发活化能。对之前的 B_4C 的稳定氧化过程曲线(3—9 h 的氧化阶段)和 B_2O_3 的蒸发失重曲线进行计算拟合,得到了 $\ln k$ 与 $T/1$ 之间的关系(见图 6-73)。从拟合出的曲线可知,当温度低于 850 ℃时,B_4C 的氧化对碳基体的质量变化起到主要作用,此时 B_4C 氧化生成 B_2O_3 的速率高于 B_2O_3 的蒸发速率,总体上将表现为增重过程;而当温度高于 850 ℃时,B_2O_3 的蒸发速率高于 B_4C 的氧化生成 B_2O_3 的速率,总体将表现为失重过程。

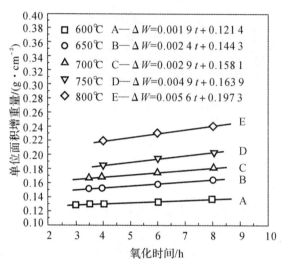

图 6-71 不同温度下 B_4C 微粉氧化测试曲线

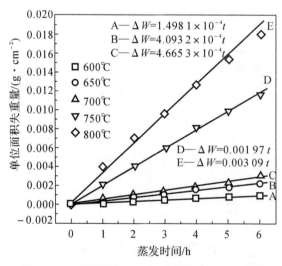

图 6-72 不同温度下 B_2O_3 微粉的蒸发测试曲线

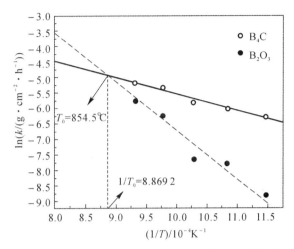

图 6-73　连串反应中 $\ln k_1$ 和 $\ln k_2$ 与 $1/T$ 之间的关系

6.7.5　小结

通过添加 B_2O_3 和 B_4C 微粉对 C/C 复合材料基体进行溶剂热改性处理,能够进一步提高材料的抗氧化性能。改性后的 C/C 基体的表面被一层由 B_2O_3 和 B_4C 组成的涂层所包覆。通过研究不同 B_2O_3,B_4C 的加入比例,溶剂热改性时间,溶剂热改性温度对 C/C 复合材料的表面物相组成、形貌以及氧化性能的影响,了解到 B_4C 能够提前与氧气发生氧化,减少氧气与碳基体的接触机会,保护碳基体。而当 B_2O_3 与 B_4C 的加入比例为 2∶1,溶剂热时间为 48 h,溶剂热温度为 140 ℃时得到的试样的抗氧化性能最优。通过模拟实验对 B_2O_3-B_4C 涂层在保护 C/C 复合材料过程中所起的作用进行研究发现,当温度低于 850 ℃时,B_4C 氧化速率高于 B_2O_3 的蒸发速率,此时涂层能有效保护 C/C 复合材料;当氧化温度高于 850 ℃时,B_2O_3 的蒸发速率高于 B_4C 氧化速率,此时涂层自身完整性降低无法继续有效而长时间地保护 C/C 复合材料。

第7章
ZrB_2溶胶−凝胶/溶剂热法改性 C/C 复合材料的研究

7.1 实验原料及仪器

为了避免原料中存在的杂质可能会对 C/C 复合材料的氧化起到催化作用,本实验所采用的原料都是分析纯,主要原料见表 7−1。

表 7−1 实验中涉及的主要化学试剂

序　号	原料名称	分子式	生产厂家	等　级
1	无水乙醇	C_2H_5OH	天津市河东区红岩试剂厂	分析纯
2	硼酸三正丁酯	$C_{12}H_{27}BO_3$	天津市科密欧化学试剂有限公司	化学纯
3	乙酸	C_2H_5COOH	天津市福晨化学试剂厂	分析纯
4	硼化锆(μm)	ZrB_2	无锡豫龙电子材料有限公司	分析纯
5	硼硅化合物(nm)	$Si_{1.04}B_{5.82}$	阿法埃莎(中国)化学有限公司	分析纯

本实验采用的水热反应釜是由聚四氟乙烯工程塑料内衬、不锈钢外套组成的,其结构示意图如第 5 章图 5−1 所示。

实验过程中使用的仪器见表 7−2。

表 7−2 实验过程所需主要仪器

序　号	设备名称	生产厂家	型　号	规格及技术参数
1	超声波清洗器	昆山市超声仪器有限公司	KQ−50DE	20～80 ℃
2	万分之一分析天平	梅特勒−托利多(上海)有限公司	AL204	120 g/0.1 mg
3	磁力加热搅拌器	德国 IKA 公司	RCT basic	
4	箱式高温烧结炉	合肥科晶材料技术有限公司	KSL−1500L	180 mm×200 mm× 800 mm
5	可控硅温度控制器	上海实验电炉厂	TCW−32B	20～1 600 ℃
6	电热真空干燥箱	上海实验仪器厂有限公司	ZKF030	300 mm×300 mm× 300 mm
7	双头快速研磨机	上海金相机械设备有限公司	SK−Ⅱ	500 r/min
8	电子天平	浙江余姚金诺天平仪器有限公司	TD	1 000 g

续表

序　号	设备名称	生产厂家	型　号	规格及技术参数
9	电热鼓风干燥箱	上海一恒科学仪器有限公司	101A-1	20~200 ℃
10	均相反应器	烟台科立化工设备有限公司	KLJX-8A	
11	水热反应釜	河南郑州杜甫仪器厂	HCF-21	30 mL

7.2　C/C复合材料改性过程

7.2.1　C/C基体材料的制备

本实验采用的C/C复合材料是由等温化学气相渗透法(CVI)制备得到的二维碳纤维增强碳复合材料,密度为1.69 g/cm³。首先用金刚石切割机从飞机刹车片上将C/C复合材料试样切成大小为10 mm×10 mm×3 mm的小块状,用320目的粗砂纸进行打磨,将其打磨成表面平整的规则长方体;然后依次用600目、1 200目的细砂纸在双头快速研磨机上进行细磨,直至试样表面光滑、无明显缺陷为止;最后将边角、倒角抛光至光滑无棱角。由于打磨好的碳基体表面还有大量人工清洗无法除去的石墨粉,故将打磨后的C/C基体分别经过多次无水乙醇和蒸馏水的超声波清洗,直至清洗后液体仍为透明液体为止,然后置于110 ℃烘箱中干燥2 h,放在干燥器中备用。

7.2.2　改性前驱液的配置及溶剂热改性过程

首先将体积比为1∶3的硼酸三正丁酯和无水乙醇混合,置于恒温磁力搅拌器上磁力搅拌15 min;然后控制乙酸的加入量,继续搅拌45 min,研究得到稳定均一的硼酸盐溶胶的工艺参数(见表7-3)。

表7-3　乙酸加入量对溶胶稳定性的影响

硼酸三正丁酯/mL	无水乙醇/mL	36％乙酸/mL	溶胶稳定性
4	12	2	透明溶液
4	12	3	透明溶液
4	12	4	透明溶胶
4	12	5	透明溶胶
4	12	6	白色沉淀

由表7-3可以得出,当硼酸三正丁酯加入量为4 mL,无水乙醇加入量为12 mL,乙酸加入量为5 mL时,能得到稳定均一的透明溶胶。在上述溶胶中加入10％的ZrB₂微粉,继续搅拌1 h,形成均匀的悬浮液。将配制好的悬浮液加入反应釜中,控制填充比为66.7％;将C/C复合材料完全浸渍在悬浮液中,密封水热反应釜;将水热釜放入精密恒温烘箱中,对C/C复合材料进行不同溶剂热温度(100~180 ℃)和溶剂热时间(24~72 h)改性处

理。待改性结束后,将水热釜从烘箱中取出,冷却至室温,取出试样,置于450 ℃热处理2 h后即得改性后的C/C复合材料。工艺流程图见图6-1。

7.2.3　主要研究内容

本章主要研究不同溶剂热温度和时间对改性C/C复合材料抗氧化性能的影响。对其不同处理方法见表7-4。

表7-4　对基体的不同处理方法一览表

序　号	溶剂热温度/℃	溶剂热时间/h	序　号	溶剂热温度/℃	溶剂热时间/h
0	0	0	5	180	24
1	100	24	6	180	36
2	120	24	7	180	48
3	140	24	8	180	60
4	160	24	9	180	72

7.3　结构表征方法及氧化性能测试

7.3.1　结构表征

(1)X射线衍射分析。具体分析方法及仪器见3.3.1节。
(2)显微结构及能谱分析。具体分析方法及仪器见3.3.1节。
(3)X射线光电子能谱。具体分析方法及仪器见4.3.1节。
(4)密度和显气孔率测试。具体测试方法见5.3.1节。

7.3.2　氧化测试分析

氧化测试分析原理见3.3.2节。

7.4　结果分析与讨论

7.4.1　溶剂热温度对 ZrB₂ 改性 C/C 复合材料的影响

(1)改性后C/C复合材料的XRD物相分析。图7-1是添加质量分数为10%的 ZrB₂硼溶胶前驱液经不同溶剂热温度处理24 h后C/C复合材料表面的XRD图谱。由图可知,经过24 h溶剂热处理后,试样表面检测到 ZrB₂物质的存在,同时还有很微弱的 B₂O₃的衍射峰:

$$B(OC_4H_9)_3 + nH_2O \longrightarrow B(OC_4H_9)_{(3-n)}(OH)_n + nC_4H_9OH \qquad (7-1)$$

$$2B(OC_4H_9)_{(3-n)}(OH)_n \longrightarrow [B(OC_4H_9)_{(3-n)}(OH)_{(n-1)}]_2O + H_2O \qquad (7-2)$$

$$2B(OC_4H_9)_3 + 3H_2O \longrightarrow B_2O_3 + 6C_4H_9OH \qquad (7-3)$$

可能是由于在高温高压体系中，B_2O_3 晶型趋于不完整，同时在 450 ℃热处理后，部分B_2O_3熔融转变为玻璃相，结晶程度较差，从而导致衍射峰强度很弱[75]。由于 C/C 复合材料试样表面有一层由 ZrB_2 和 B_2O_3 两种物质组成的覆盖层，ZrB_2 为主要组成物质，故而可能导致 B_2O_3 特征峰强度很弱。

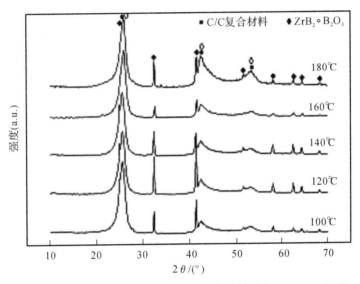

图 7-1　不同溶剂热温度改性后 C/C 复合材料表面的 XRD 图谱

　　(2)改性后基体的显微结构。以硼酸盐溶胶为前驱液，添加 10% ZrB_2 微粉，180 ℃溶剂热 24 h 改性后 C/C 基体表面的 SEM 图片及 EDS 能谱分析如图 7-2 所示。从图中可以看出，经溶剂热改性后的试样表面被一层很薄的物质覆盖，表面的孔隙也被填充得很好，表面缺陷明显减少。根据 EDS 能谱分析可知，填充孔隙的物质主要由 Zr，B 和 O 元素组成，而表面玻璃相的物质主要由 C 和 O 元素组成。结合 XRD 分析可知，试样表面玻璃态的物质是 B_2O_3，填充表面的缺陷的是 ZrB_2 和 B_2O_3，这些物质的存在能阻止氧气与C/C 基体接触发生氧化，同时减少 C/C 基体表面的氧化活性点，从而提高材料的抗氧化性能。

　　图 7-3 为不同溶剂热温度改性 24 h 后试样断面的 SEM 图片和 EDS 能谱分析。从图中可以看出，当改性温度为 100 ℃时，渗入基体内部的氧化抑制剂很少，大都只是吸附在基体表面。随着温度的升高，沿着 C/C 基体表面的缺陷渗入基体内部的氧化抑制剂越来越多，基体内部缺陷的填充情况也越来越好，致密度也明显提高。当溶剂热温度达到 180 ℃时，靠近基体表面的孔隙被填充得很好。分别对溶剂热改性前后质量进行测量，得到 100 ℃，120 ℃，140 ℃，160 ℃，180 ℃ 改性前后单位面积的变化量分别是 0.6 mg·cm⁻²，1.06 mg·cm⁻²，1.6 mg·cm⁻²，2.34 mg·cm⁻²，3 mg·cm⁻²，对应的密度分别为1.694 7 g·cm⁻³，1.699 3 g·cm⁻³，1.704 7 g·cm⁻³，1.712 g·cm⁻³，1.718 7 g·cm⁻³，较

未改性的基体(密度 1.67 g·cm⁻³),密度得到了一定程度的提高。这是由于随着溶剂热温度的不断提高,液相的运送能力提高,同时高温高压的密闭环境有利于氧化抑制剂(硼溶胶和 ZrB₂微粉)向基体内部渗透,从而更好地填充基体内部孔隙和微裂纹等缺陷位,更好地填充氧化活性点,进一步从内部提高碳基体的抗氧化性能[76]。此外,由于成型工艺的原因,C/C 基体内部存在一些与表面没有通道的孔洞,因此不能被氧化抑制剂有效地填充。由微区面 EDS 能谱分析(见图 7-3(g))可以看出,填充物质主要由 Zr,B 和 O 元素组成,结合 XRD 结果可以确定为 ZrB₂和 B₂O₃。

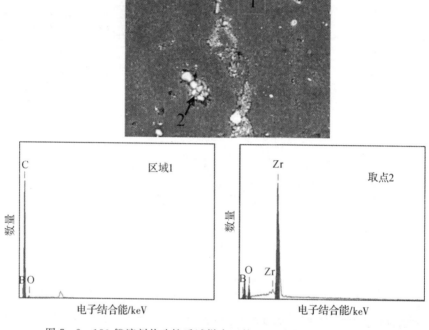

图 7-2 180 ℃溶剂热改性后试样表面的 SEM 图片和 EDS 能谱分析

(3)改性后基体的抗氧化性能。以硼酸盐溶胶为前驱液,添加 10% ZrB₂微粉,不同溶剂热温度改性 24 h 后 C/C 基体在 600 ℃的氧化失重曲线如图 7-4 所示。分析图中曲线可知,未改性的 C/C 复合材料氧化失重以约 50 mg·cm⁻²/h 的速度增长,氧化 6 h 后的其氧化质量损失高达 319 mg·cm⁻²。经过溶剂热处理的试样,其抗氧化性能较未改性的试样有明显提高,而且随着改性温度的提高,改性后试样的氧化失重量减少,氧化失重率趋于平缓,C/C 复合材料的抗氧化性能逐渐提高,单位面积失重量分别为 48.25 mg·cm⁻²,38.55 mg·cm⁻²,30.7 mg·cm⁻²,28.65 mg·cm⁻² 和 26.4 mg·cm⁻²。由于溶剂热温度升高,釜内压力上升,有利于硼溶胶和 ZrB₂微粉向基体内部渗透。B₂O₃在600 ℃下能在试样表面形成连续的玻璃态保护膜,同时 ZrB₂微粉在 600 ℃开始发生氧化[77]:

$$2ZrB_2 + 5O_2 \xrightarrow{873K} 2ZrO_2 + 2B_2O_3 \tag{7-4}$$

生成 ZrO₂和 B₂O₃。生成的 B₂O₃能在试样的缺陷处形成连续的保护膜,能持续有效地防止 C/C 基体和氧气接触发生氧化,氧化失重速率趋于稳定,从而使 C/C 复合材料在低温段的失重量保持在一个较低的水平。

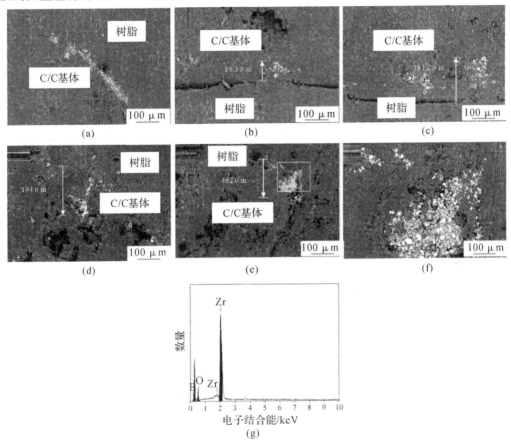

图 7 - 3 不同溶剂热温度改性后试样断面的 SEM 图片和 EDS 能谱分析

(a)100 ℃;(b)120 ℃;(c)140 ℃;(d)160 ℃;(e)180 ℃;(f)为(e)的局部放大图;(g)为(f)的面能谱

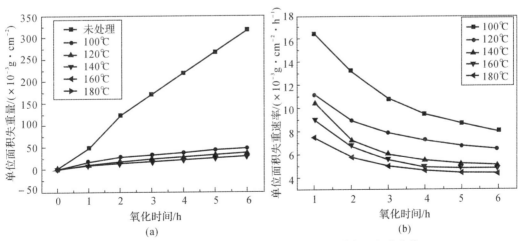

图 7 - 4 不同溶剂热温度改性后试样在 600 ℃的恒温氧化曲线

(a)失重曲线;(b)失重速率

图 7-5 是 180 ℃改性后试样经过恒温抗氧化表面的 XRD 图谱。由图中可以看出，经过 600 ℃恒温氧化后，在试样表面不仅检测到了碳基体的基本衍射峰，还检测到了明显的 ZrB_2 和 ZrO_2 相的衍射峰，伴随着微弱的 B_2O_3 相衍射峰。由此可以得出，碳基体表面的 ZrB_2 先于氧气发生氧化反应，生成了 ZrO_2 和 B_2O_3，而基体表面检测到的微弱 B_2O_3 衍射峰可能是溶剂热改性后引入的，也有可能是 ZrB_2 氧化后得到的。

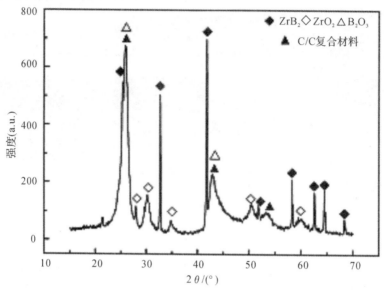

图 7-5　180 ℃溶剂热改性后 C/C 复合材料抗氧化后表面的 XRD 图谱

图 7-6 是 180 ℃改性后试样经过恒温抗氧化后断面的 SEM 图片和 EDS 能谱分析。从图中可以看出，基体内部缺陷内物质主要由 Zr，B 和 O 元素组成，结合试样抗氧化后表面的 XRD 图谱，发现抗氧化后填充缺陷的物质为 ZrB_2，ZrO_2 和 B_2O_3。这说明填充基体内部的部分 ZrB_2 在 600 ℃下发生了反应，生成的 B_2O_3 能对缺陷进行有效的愈合，阻止氧气通过缺陷扩散，导致试样出现过大的质量损失。

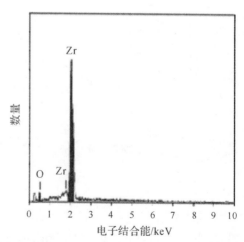

图 7-6　180 ℃改性后试样抗氧化后 C/C 复合材料断面 SEM 图片和 EDS 能谱分析

7.4.2 溶剂热时间对 ZrB₂ 改性 C/C 复合材料的影响

(1)改性后基体的物相分析。图 7-7 是以硼溶胶为前驱液,180 ℃下添加 10％ ZrB₂ 经不同溶剂热时间改性后试样表面的 XRD 图谱。如图所示,改性后试样表面均被一层 ZrB₂ 所覆盖。当溶剂热改性时间为 24 h 时,试样表面除了 ZrB₂ 的衍射峰外,还能检测到 C/C 基体的衍射峰。随着溶剂热时间的延长,C/C 基体的衍射峰减弱,ZrB₂ 的衍射峰增强。当溶剂热时间达到 48 h 时,在试样表面只能检测到 ZrB₂ 的衍射峰。继续延长溶剂热时间,ZrB₂ 的衍射峰逐渐增强,这是由于随着溶剂热时间的延长,越来越多的 ZrB₂ 沉积在基体表面,从而使 ZrB₂ 的衍射峰增强,C/C 基体衍射峰消失。图中未检测到明显的 B₂O₃ 的衍射峰,其原因可能是 B₂O₃ 的结晶性较差,抑或是 ZrB₂ 的加入量较多,其衍射峰强度较大,从而掩盖了 B₂O₃ 的衍射峰。

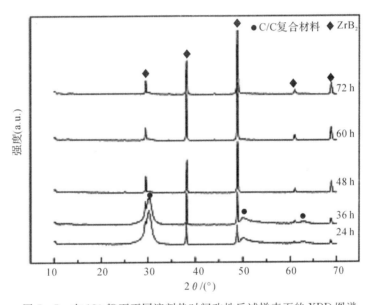

图 7-7 在 180 ℃下不同溶剂热时间改性后试样表面的 XRD 图谱

(2)改性后基体的显微结构。图 7-8 是以硼溶胶为前驱液,180 ℃添加 10％ ZrB₂ 经不同溶剂热时间改性后试样表面的 SEM 图片和 EDS 能谱分析。从图中可以明显看出,溶剂热改性后 C/C 基体表面被一层连续的涂层覆盖。当溶剂热时间为 24 h 时,C/C 基体表面的缺陷并未被完全填充,表面尚未形成连续的覆盖层。随着溶剂热时间的延长,C/C 基体表面的缺陷基本上被填充,表面形成了一层光滑的覆盖层,对其进行面能谱分析(见图 7-8(f)),发现其主要由 C,B,O 元素组成,根据第 6 章的研究结果[78],其应该是 B₂O₃ 覆盖层。当溶剂热时间达到 48 h 时,C/C 基体表面被完全覆盖,形成了一层连续致密的涂层。继续延长溶剂热时间,C/C 基体表面覆盖程度越来越好,致密度提高,涂层厚度增加。继续延长溶剂热时间至 72 h 时,更多颗粒被沉积在基体表面,结合 EDS 能谱分析(见图 7-8(g))可以得出,基体表面的覆盖层主要是由 Zr,B,O 元素组成的,结合 XRD

图谱分析可以得出,覆盖层的物质组成为 ZrB_2 和 B_2O_3。随着溶剂热时间的延长,ZrB_2 在基体表面的沉积量变大,其结果与 XRD 图中衍射峰强度的变化一致。

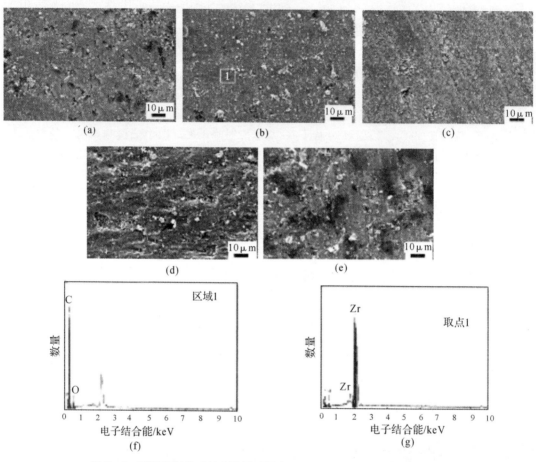

图 7-8 不同溶剂热时间改性后试样表面的 SEM 图片和 EDS 能谱分析
(a)24 h;(b)36 h;(c)48 h;(d)60 h;(e)72 h;(f)为(b)的面能谱;(g)为(e)的点能谱

图 7-9 是 180 ℃溶剂热改性 60 h 后 C/C 基体抗氧化前断面的 SEM 图片和 EDS 能谱分析。从线能谱分析可以得出,C/C 基体表面被一层连续的涂层所覆盖。结合 XRD 分析,该涂层主要由 ZrB_2 和 B_2O_3 组成。同时部分氧化抑制剂(ZrB_2 和 B_2O_3)通过基体表面的缺陷渗透进入 C/C 基体内部,对基体内部的孔隙和裂纹进行了有效填充,并在基体内形成了一个连续的中间过渡层。对基体内部进行局部放大和微区能谱分析,结果表明基体内部缺陷的填充物质主要由 Zr,O,B,C 元素组成,结合 XRD 分析得出,填充物应为 ZrB_2 和 B_2O_3。这是由于在高温高压的密闭环境中,通过液相的强运送能力,提供足够的外部能量使氧化抑制剂(硼溶胶和 ZrB_2 微粉)向基体内部渗透,填充基体内部的缺陷,降低材料整体的氧化活性点,并在基体表面形成一层致密的覆盖层,从而提高碳基体的抗氧化性能。

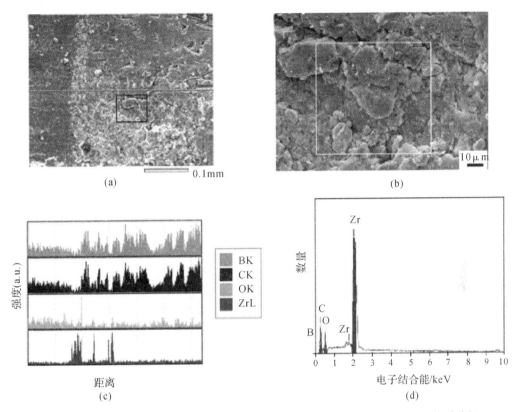

图7-9 180℃溶剂热改性60 h后C/C基体氧化前断面的SEM图片和EDS能谱分析

（3）改性后基体的抗氧化性能。图7-10是不同溶剂热时间改性后C/C复合材料试样在800 ℃的等温氧化失重曲线。结果表明,未经处理的试样在800 ℃的温度下,其氧化失重率与氧化时间呈线性上升关系,每小时失重率接近10%,氧化8 h后,其失重率达到80%;而经纯硼溶胶溶剂热改性处理的C/C基体的氧化失重量也以7%/h的速率增加,氧化10 h后的失重率为44%,较未改性的C/C基体的抗氧化性能有一定的提高;添加10% ZrB₂的硼溶胶经溶剂热改性后的抗氧化性能明显提高,随着溶剂热时间的延长,其抗氧化性能逐渐上升,当溶剂热时间达到60 h后,氧化失重量变化不大,经溶剂热改性60 h的C/C复合材料试样氧化20 h后的失重率仅为11.3%。在氧化初期阶段,改性后C/C复合材料试样还出现了一定的增重,这是由于ZrB₂的氧化生成的ZrO₂和B₂O₃量大于B₂O₃的挥发,同时随着溶剂热时间的延长,试样在抗氧化过程中增重的时间也同样延长,增重量更大;随着抗氧化时间的延长,B₂O₃的挥发和ZrB₂的氧化达到平衡,质量没有发生明显的变化,即氧化稳态;继续增加抗氧化时间,C/C复合材料试样内部和表面的ZrB₂完全氧化,B₂O₃的挥发加剧,玻璃态B₂O₃的减少使其不能继续愈合表面的缺陷,在表面形成了一定的缺陷,加快氧化速率,使表面的涂层不能对C/C基体进行有效保护,此时渗透在基体内部孔隙和裂纹等缺陷位中的氧化抑制剂开始起到一定的保护作用,但整体的抗氧化性能大幅度下降。当溶剂热时间较短时,渗透进入C/C基体内部和沉积在C/C基体

表面的 ZrB_2 和 B_2O_3 较少,不能有效填充 C/C 基体内部的缺陷,同时在 C/C 基体表面也不能形成连续的覆盖层,在 800 ℃的条件下,B_2O_3 的黏度下降,挥发加快,自愈合能力较差,难以形成有效、连续的氧化扩散保护层。延长溶剂热时间,进入基体内部的 ZrB_2 和 B_2O_3 越来越多,同时 C/C 基体表面也被完全覆盖,自愈合能力明显提高,从而能有效地保护 C/C 基体,阻止氧气的进入,提高 C/C 基体的抗氧化性能,其结果与改性后 C/C 基体表面的 SEM 图片相对应。

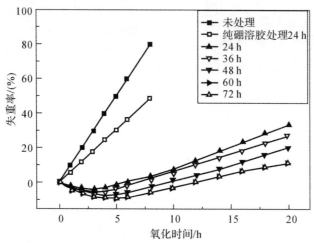

图 7 - 10　不同溶剂热时间改性后试样在 800 ℃的等温氧化失重曲线

图 7 - 11 是溶剂热 60 h 改性后 C/C 复合材料抗氧化后表面的 XRD 图谱。根据 XRD 结果可知,C/C 基体表面仅检测到 ZrO_2 的衍射峰,这是由于在 800 ℃的有氧环境中,ZrB_2 会与氧气反应生成 ZrO_2 和 B_2O_3。为了确定氧化后 C/C 基体表面是否存在 B_2O_3,对溶剂热 60 h 改性后 C/C 复合材料抗氧化后表面进行了 X 射线光电子能谱分析,如图 7 - 12 所示。图 7 - 12(a)是改性后基体氧化后的宽扫描图谱,依次为 Zr3d,B1s,C1s 和 O1s 的谱线,图 7 - 12(b)则是 B1s 的窄扫描图谱,结合图 7 - 11 的 XRD 分析结果可以得出,氧化后试样表面还存在 B_2O_3,即氧化后试样表面的涂层为 ZrO_2 和 B_2O_3,对基体进行持续的保护。

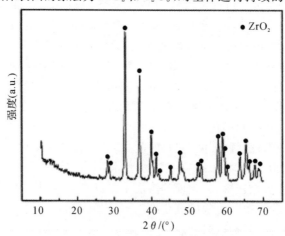

图 7 - 11　溶剂热改性 60 h 后 C/C 复合材料抗氧化后表面的 XRD 图谱

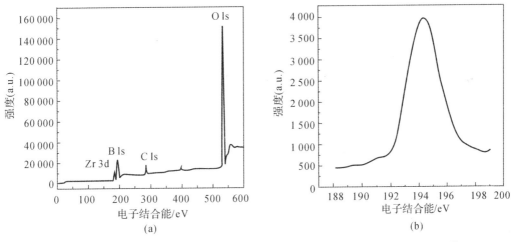

图7-12 溶剂热改性60 h后C/C复合材料抗氧化后表面的X射线光电子能谱
(a)改性后基体氧化后宽扫描图谱； (b)B1s窄扫描图谱

图7-13是溶剂热60 h改性后C/C复合材料抗氧化20 h后表面和断面的SEM图片。由图7-13(a)可以看出,C/C基体表面被一层熔融的物质所覆盖,这主要是由于ZrB$_2$氧化生成的B$_2$O$_3$具有很好的流动性,自愈合能力较强,表面缺陷明显减少,但由于在800 ℃下,长时间的氧化使B$_2$O$_3$的挥发量增大,从而在表面出现了一些孔洞等缺陷,给氧气进入C/C基体提供了通道。此时,溶剂热改性后进入C/C基体内部的ZrB$_2$和B$_2$O$_3$能对基体进行持续的保护,ZrB$_2$会与氧气发生反应,在基体内部形成熔融态的保护层,填充基体内部的缺陷,降低氧化活性点。

图7-13 溶剂热改性60 h后C/C复合材料抗氧化20 h后表面和断面的SEM图片
(a)表面;(b)断面

为了更好地解释ZrB$_2$在C/C复合材料抗氧化过程中的作用,对改性后C/C复合材料在800 ℃的氧化过程进行了模拟,如图7-14所示。改性后C/C基体的表面被一层

ZrB_2颗粒和B_2O_3组成的涂层所覆盖,基体内部的缺陷也被一定程度填充。在氧化过程中,C/C基体表面的ZrB_2颗粒会优先与氧气发生反应,生成的B_2O_3会熔融铺展,填充C/C基体表面的缺陷,使C/C基体表面变得致密。然而在氧化初期B_2O_3较少,未能完全熔融铺展,此时部分氧气会渗透进入基体内部,同时由于B_2O_3的高温挥发性,表面会出现一些气泡孔洞,使氧气能够与C/C基体接触,从而使部分C/C基体被氧化,此时填充在基体内部缺陷的ZrB_2颗粒将与氧气发生氧化反应,继续生成B_2O_3,继续填充基体内部的缺陷,对基体进行持续保护。因此,氧化后的C/C基体表面被一层凹凸不平的涂层所覆盖,同时还存在一些气泡,部分C/C基体裸露在空气中,从而使基体的抗氧化性能大大降低。

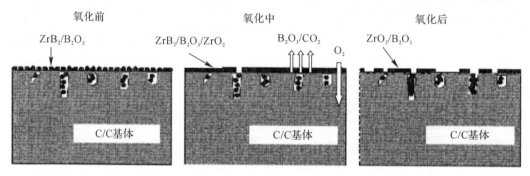

图 7 - 14　改性后 C/C 复合材料在 800 ℃的氧化过程示意图

7.4.3　C/C 复合材料的氧化动力学研究

图 7 - 15 是未经溶剂热改性的 C/C 复合材料在 600～900 ℃下的氧化失重曲线。结果显示,未经改性的 C/C 复合材料在不同温度下的单位面积失重量与时间基本呈线性关系,其数学规律服从下式:

$$-\frac{\mathrm{d}m}{\mathrm{d}t}=km_0 \tag{7-5}$$

并且随着温度的升高,其氧化失重速率(斜率)呈上升趋势。而式(7-5)中的氧化速率常数 k 又服从

$$k=A\exp\left(\frac{-E_a}{RT}\right) \tag{7-6}$$

对其进行求对数,即可得到

$$\ln k=\ln A-\frac{E_a}{RT} \tag{7-7}$$

式中　m_0——C/C复合材料试样的初始质量;

　　　m——氧化 t 小时后 C/C 复合材料试样的质量;

　　　k——氧化反应的速率常数;

　　　A——指前因子;

　　　E_a——氧化活化能;

T——热力学温度；

R——摩尔气体常量。

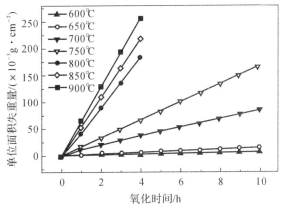

图 7-15　未改性 C/C 复合材料在不同温度下的氧化失重曲线

　　为了研究溶剂热改性后 C/C 复合材料的氧化动力学,对改性后 C/C 复合材料在不同温度下的氧化失重量和时间的关系进行了研究,如图 7-16 所示。观察图形的趋势,在氧化初期,C/C 复合材料存在一定时间的调整阶段。氧化调整期后,随着氧化温度的升高,同样时间内的氧化失重量也增大,且基本符合一级动力学关系,其斜率即为不同温度下 C/C 复合材料的氧化速率,氧化速率与氧化温度呈线性增长关系。

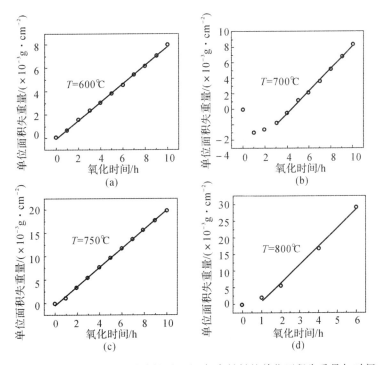

图 7-16　不同氧化温度下溶剂热改性后 C/C 复合材料的单位面积失重量与时间的关系

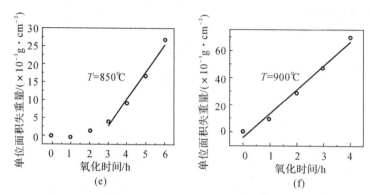

续图 7-16　不同氧化温度下溶剂热改性后 C/C 复合材料的单位面积失重量与时间的关系

　　对比第 4 章对未改性 C/C 复合材料的研究结果[80]，通过(式(7-5)～式(7-7))分别以 T，$\ln k$ 为坐标拟合曲线得到图 7-17。由图 7-17(a)计算得出未改性 C/C 复合材料在低温段(600 ℃以下)的氧化激活能为 119.4 kJ/mol，高温段(600～900 ℃)为 45.2 kJ/mol，转折温度为 600 ℃。图 7-17(b)则是改性后 C/C 复合材料 $\ln k$ 与 $1/T$ 之间的关系图，类似未改性的 C/C 复合材料，两者之间的关系也由两条不同斜率的直线组成，其氧化过程分为两个阶段，即低温段(600～700 ℃)和中温段(700～900 ℃)。对应的氧化激活能分别是 161.3 kJ/mol 和 57.7 kJ/mol，氧化激活能均高于未改性的 C/C 复合材料，且转折温度由未改性的 600 ℃提高到了 705 ℃。结果表明，ZrB_2 溶剂热改性后的 C/C 复合材料的氧化反应比未改性之前更难进行，即抗氧化性能得到了一定程度提高。根据 Dacic 的研究可以得出[65]，改性后 C/C 复合材料在 700 ℃以下的氧化主要由 O_2，CO 和 CO_2 在 ZrB_2/B_2O_3 保护层中的扩散以及 ZrB_2 的氧化过程所控制；而在高于 700 ℃的温度下，氧化主要受控于 B_2O_3 的挥发以及氧在材料缺陷内的扩散。

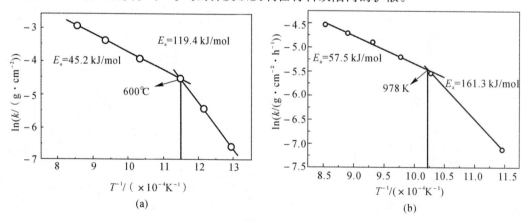

图 7-17　C/C 复合材料 $\ln k$ 和 $1/T$ 之间的关系
(a)改性前；　(b)改性后

7.4.4 不同硼硅化合物加入量对溶剂热改性C/C复合材料的影响

(1)改性后基体的物相分析。图7-18是添加10％硼硅化合物改性后C/C复合材料试样表面的XRD图谱。从图中可以明显看到硼硅化合物的衍射峰，除此之外，还检测到了很强SiO_2的衍射峰，其来源可能是高温高压的环境下的硼硅化合物反应。

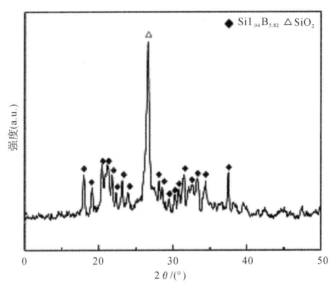

图7-18　改性后C/C复合材料试样表面的XRD图谱

(2) 改性后基体的显微结构。图7-19是不同硼硅化合物加入量溶剂热改性后C/C复合材料表面的SEM图片和EDS能谱分析。未改性C/C基体的表面存在很多裂纹、孔洞等缺陷，如图7-19(a)所示。改性后的试样表面缺陷均被一层连续致密的涂层所覆盖。随着硼硅化合物加入量的增加，C/C基体表面的覆盖层越来越厚，致密性逐渐提高。结合EDS能谱分析，表面的物质主要由Si，O元素组成。硼硅化合物在经过溶剂热高温高压环境以及450℃热处理后，部分硼硅化合物发生反应生成SiO_2和B_2O_3，能在基体表面形成连续致密的玻璃态涂层，故表面涂层的组成物质可能为SiO_2、硼硅化合物和B_2O_3。

(3)改性后基体的抗氧化性能。图7-20是添加不同硼硅化合物溶剂热改性后C/C复合材料在600℃的等温氧化曲线。结果显示，改性后的C/C复合材料的氧化失重量与未改性的基体相比，保持在一个较低的水平，并且随着硼硅化合物加入量的增加，基体的氧化失重量降低，表明改性后的基体的抗氧化性能不断增强。当硼硅化合物加入量为10％时，C/C复合材料在600℃氧化10 h后的失重量仅为16.18 mg/cm²，继续增加硼硅化合物的加入量，C/C复合材料的抗氧化性能没有太多变化。影响C/C复合材料抗氧化性能的因素主要有两点：基体表面的氧化抑制涂层起着主要作用，同时渗透进入基体内部的氧化抑制剂也起着必不可少的作用。由于实验采用的硼硅化合物颗粒太小，当加入量太多时，硼溶胶改性前驱液变得十分黏稠，液相的流动性变差，运送能力降低，不利于氧化抑制剂向基体内部渗透,仅仅在表面形成一层较厚的覆盖层,这可能是导致硼硅化合物加入量为15%时其抗氧化性能变化不大的原因。

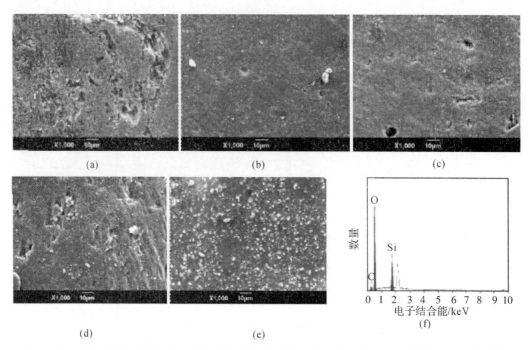

图 7 - 19　添加不同含量硼硅化合物溶剂热改性后 C/C 复合材料表面的 SEM 图片和 EDS 能谱分析
(a)未改性；　(b)2%；　(c)5%；　(d)10%；　(e)15%；　(f)10%改性样品 EDS 分析

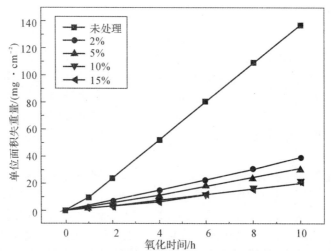

图 7 - 20　添加不同含量硼硅化合物溶剂热改性后 C/C 复合材料在 600 ℃的等温氧化曲线

图 7 - 21 是添加不同质量分数硼硅化合物溶剂热改性后 C/C 复合材料在 600 ℃氧化后基体表面的 SEM 图片。图 7 - 21(a)是硼硅化合物加入量为 2%氧化后的图片,从图中可以明显看出,C/C 基体表面的涂层较少,来不及形成连续的涂层就被破坏,不能对

C/C基体进行有效保护,从而使 C/C 基体被严重腐蚀。随着硼硅化合物加入量的增加,C/C 基体表面能形成断断续续的涂层,使 C/C 基体的腐蚀现象减弱。当硼硅化合物的加入量达到 10％时,C/C 基体表面覆盖了足够的硼硅化合物,抗氧化后能在基体表面形成连续光滑致密的涂层。继续增大硼硅化合物的加入量,由于改性后 C/C 基体表面存在太多的硼硅化合物,其在高温下的反应速率较大,B_2O_3 的挥发加剧使 C/C 基体表面原本连续光滑致密的涂层出现了一些气泡和微裂纹,从而影响 C/C 复合材料的抗氧化性能。综上所述,当硼硅化合物的加入量较少时,影响其抗氧化性能的因素主要是硼硅化合物的反应速率,而当硼硅化合物加入量较多时,B_2O_3 的挥发变成了主导因素,因此硼硅化合物加入量为 10％为最佳工艺参数。

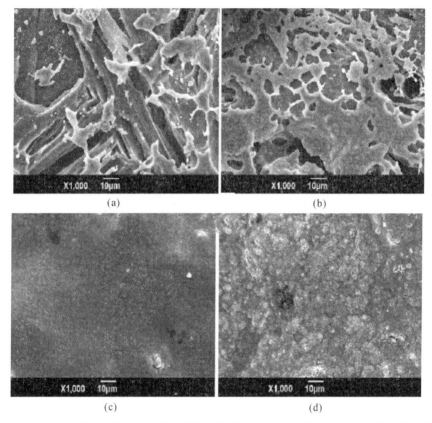

图 7-21　添加不同含量硼硅化合物溶剂热改性后 C/C 复合材料抗氧化后表面的 SEM 图片
(a)2％;(b)5％;(c)10％;(d)15％

7.5　本 章 小 结

本章以添加 10％ZrB₂微粉的硼溶胶为改性前驱液对 C/C 复合材料进行溶剂热改性,研究了不同溶剂热温度、时间对 C/C 复合材料显微结构和性能的影响。结果表明,改性后的 C/C 基体表面被一层 ZrB_2 和 B_2O_3 组成的涂层所覆盖,基体内部的缺陷也被 ZrB_2 和 B_2O_3 不同程度填充,很好地改善了 C/C 基体在低温段的抗氧化性能。在 $100\sim180\ ℃$,$10\%\ ZrB_2$,24 h 溶剂热处理范围内,随着溶剂热温度的升高,渗透到 C/C 基体内部的 ZrB_2 和 B_2O_3 越来越多,C/C 复合材料的密度增大,氧化失重量明显降低,C/C 复合材料的抗氧化性能逐渐提高,经溶剂热 180 ℃改性处理后的 C/C 复合材料在 600 ℃下氧化 6 h 后的氧化失重量仅为 26.4 mg/cm,相对于未改性的 C/C 复合材料的有明显的提高。在 180 ℃,$10\%\ ZrB_2$,24—72 h 的溶剂热处理范围内,随着溶剂热时间的延长,沉积在基体表面的 ZrB_2 和 B_2O_3 变多,相应的抗氧化性能得到了提高;当溶剂热时间为 60 h 时,改性后的 C/C 基体在 800 ℃氧化 20 h 后的氧化失重量仅为 11.3%;继续延长溶剂热时间,氧化失重量变化不大。即当溶剂热温度为 180 ℃,溶剂热时间为 60 h,添加 $10\%\ ZrB_2$ 时,改性后 C/C 基体的抗氧化性能最优。改性后的 C/C 复合材料在 700 ℃为温度范围内,其氧化激活能为 161.3 kJ/mol,氧化主要是由 O_2,CO 和 CO_2 在 ZrB_2/B_2O_3 保护层中的扩散以及 ZrB_2 的氧化过程所控制;而在高于 700 ℃的温度下,氧化激活能为 57.7 kJ/mol,氧化主要受控于 B_2O_3 的挥发以及氧在材料缺陷内的扩散。

本章还对不同硼硅化合物加入量对改性后 C/C 复合材料性能的影响进行了研究,结果表明,改性后 C/C 基体表面被一层连续致密的玻璃态涂层所覆盖,随着硼硅化合物加入量的增加,涂层的厚度增加,致密性提高,抗氧化性能增强。当硼硅化合物加入量为 10% 时,改性后 C/C 基体表面被一层连续的玻璃态涂层所覆盖,在 600 ℃氧化 10 h 后的单位面积失重量仅为 16.18 mg/cm^2。当硼硅化合物的加入量较少时,影响其抗氧化性能的因素主要是硼硅化合物的反应速率;而当硼硅化合物加入量较多时,B_2O_3 的挥发变成了主导因素。

第8章
磷酸体系微波水热改性C/C复合材料的研究

8.1 引　言

19世纪中叶,水热法是由地质学家在模拟自然界成矿作用时开始研究的。目前应用水热法已经制备出了百余种晶体,晶体粒子纯度高、分散性好、晶形好且可控制、生产成本低。用水热法制备的粉体一般无须烧结,这就可以避免在烧结过程中晶粒会长大而且杂质容易混入等缺点,广泛地应用于材料制备领域,是一种非常有应用前景的材料合成与制备技术[79]。

水热法又称热液法(Hydrothermal Synthesis),属于液相化学法的范畴,它是利用高温高压的水溶液使那些在大气条件下不溶或难溶的物质溶解,或反应生成该物质的溶解产物,通过控制高压釜内溶液的温差产生对流以形成过饱和状态而析出生长晶体的方法。在水热反应体系中,水的性质发生强烈改变,蒸气压变高、密度变低、表面张力变低、黏度变低、电离常数增大、离子积变高。在高温高压水热条件下,常温下溶于水的物质的反应,也可诱发离子反应或促进反应,反应加剧的原因是水的电离常数增加,在高温高压下水是重要的离子间的反应加速器。利用水的这些性质变化,可在水热条件下对C/C复合材料进行浸渍改性,以提高复合材料的抗氧化性能,黄剑锋等[80]已在这方面做了初步的研究,并取得一定的进展。

本章研究则是在水热的基础上,用微波的方式来加热反应体系,在这种条件下,前驱液处于临界状态,临界条件时会形成一种气液共存的特殊状态,该状态流体具有较高的扩散度和较低的黏度,表面几乎没有张力的作用,并且具有很强的溶解能力,因此具有较强的运送能力,可渗透亚微米级的孔隙。使用这种方法来提高C/C复合材料抗氧化性能的基本原理是利用亚临界态流体作为溶剂和载体,在相对高的扩散度和强的运送能力下使前驱溶液中的氧化抑制剂以各种传质方式进入C/C复合材料的内部,填充其内部孔隙缺陷,降低其氧化反应的活化点,并在外部形成抗氧化涂层,由内而外地提高材料的抗氧化性能[81]。这种方法的优点是工艺控制简单,原料价格低廉,反应温度低,而且生成的抗氧化前驱体和基体的高温热匹配性能好,对试样力学性能没有太多影响。

8.2　实验原料及仪器

本实验选用的主要原料见表8-1,为了避免原料中杂质元素对C/C复合材料的氧化催化作用,所有原料尽量使用分析纯。实验过程中使用的主要仪器见表8-2。

表 8 - 1   实验中使用的主要化学试剂

序号	原料名称	分子式	生产厂家	等级
1	无水乙醇	C_2H_5OH	西安三浦精细化工厂	分析纯
2	磷酸	H_3PO_4	西安三浦精细化工厂	分析纯
3	硼酸	H_3BO_3	西安三浦精细化工厂	分析纯
4	三氧化二铝	Al_2O_3	天津市博迪化工有限公司	分析纯
5	碳化硼	B_4C	天津市博迪化工有限公司	分析纯

表 8 - 2   实验中使用的主要仪器

序号	设备名称	生产厂家	型号	规格及技术参数
1	超声波清洗器	昆山市超声仪器有限公司	KQ - 50E	20~80 ℃
2	万分之一分析天平	苏州科晟泰设备有限公司	FA1104	110 g/0.1 mg
3	高温箱型电阻炉	上海实验仪器厂	SR1X2 - 1 - 70	180 mm×200 mm×800 mm
4	可控硅温度控制器	上海实验电炉厂	SKY - 12 - 16S	20~1 600 ℃
5	双头快速研磨机	陕西咸阳科力陶瓷研究所	SK - Ⅱ	500 r/min
6	电子天平	余姚市金诺天平仪器有限公司	TD	1 000 g
7	电热鼓风干燥箱	上海实验仪器厂有限公司	101A - 1	20~220 ℃
8	微波消解仪	上海新仪微波化学科技有限公司	MDS - 8	220 V/50 Hz

微波水热反应釜为 MDS - 8 专用配置,标准配置 KJ - 60 框架式高压消解罐,内罐由聚四氟乙烯(PTFE)材料制成,护套由聚醚醚酮(PEEK)一次性压铸制成,耐高温、高压、耐强酸腐蚀,其结构示意图如图 8 - 1 所示。

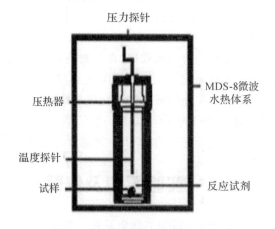

图 8 - 1   实验中所用水热釜的示意图

8.3 微波水热处理 C/C 复合材料改性过程

8.3.1 C/C 基体材料的制备

本实验采用的是等温化学气相渗透(CVI)法制备的 2D C/C 复合材料,密度为 1.70 g/cm³。首先用锯条和金刚石切割机将其切割成约 4 mm×8 mm×8mm 的小块,用粗砂纸进行打磨,将其打磨成规则的长方体。然后再依次用 400 目、800 目、1 000 目的细砂纸在金相试样预磨机上进行细磨,直至磨到表面平滑、肉眼观察不到缺陷为止,再将直角打磨成光滑的圆角,将 4 个侧面打磨至光滑过渡的面。

基体清洗方法一般分为去除基体表面上物理附着的污物的清洗方法和去除化学附着的污物的清洗方法。在打磨抛光过程中,大量的石墨粉附着在基体表面,光用蒸馏水人工清洗是不够的,必须使用超声波清洗。

超声波清洗原理:利用超声波发生器所发出的高频振荡信号,通过换能器转换成高频机械振荡而传播到清洗溶液中,清洗溶剂中超声波在清洗液中疏密相间地向前辐射,使液体流动而产生数以万计的微小气泡,存在于液体中的微小气泡(空化核)在声场的作用下振动,当声压达到一定值时,气泡迅速增长,然后突然闭合,在气泡闭合时产生冲击波,在其周围产生上千个标准大气压力(1 标准大气压=101.325 kPa),破坏不溶性污物而使它们分散于清洗液中,当团体粒子被油污裹着而黏附在清洗件表面时,油被乳化,固体粒子即脱离,继而达到清洗件表面净化的目的。

首先将打磨后的 C/C 复合材料基体用无水乙醇在超声波清洗器中进行清洗 20 min,然后用蒸馏水超声清洗两次,每次清洗时间为 20 min,最后于 110 ℃干燥 2 h。最终放置在干燥器中待用。

8.3.2 前驱液的配置及微波水热改性过程

第一步,将磷酸溶液(市售,85%)及需要的抗氧化抑制剂(B_4C(120 目)、Al_2O_3(120 目))粉料按一定比例依次加入到烧杯中,然后在磁力搅拌器上搅拌一段时间,使其充分悬浮,静置备用。第二步,将备用的 C/C 复合材料试样浸入配制好的悬浮液中,并将此悬浮液置入微波水热反应釜中,控制填充比为 50%。第三步,将反应釜放入微波消解仪 MDS-8 中,在不同温度下对试样进行不同时间的微波水热处理,同时,将试样浸入悬浮液中静置 24 h,得到未经过微波水热处理的改性试样,以作比较。第四步,待反应结束后,从水热釜中取出试样,在空气中自然冷却,取出试样,在马弗炉 360 ℃保温 6 h 即得到改性后的试样。

微波水热法改性工艺流程如图 8-2 所示。

8.3.3 主要实验内容

本章主要研究微波水热工艺因素对改性后复合材料的影响,即微波水热处理温度、时间、添加剂的用量及氧化温度对纯磷酸体系、$Al_2O_3 - H_3PO_4$体系、$B_4C - H_3BO_3$体系和$Al_2O_3 - B_4C - H_3PO_4$体系改性复合材料后物相组成、微观形貌及抗氧化性能的影响。

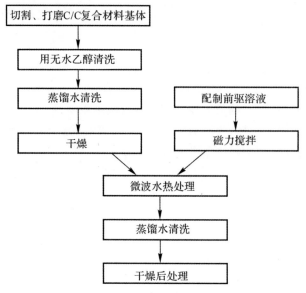

图 8-2 微波水热改性工艺流程图

对基体的不同处理方法见表 8-3。

表 8-3 对基体的不同处理方法一览表

(a)纯磷酸反应体系(H_3PO_4)(填充比为 60%)

序 号	微波水热温度/℃	微波水热时间/h
0	0	0
1	120	4
2	150	4
3	180	4
4	210	4
5	180	1
6	180	2
7	180	3
8	180	5

(b)添加 Al_2O_3 磷酸反应体系($Al_2O_3 - H_3PO_4$)(Al_2O_3 含量为 10%,填充比为 60%)

序 号	微波水热温度/℃	微波水热时间/min
0	0	0

续 表

序　号	微波水热温度/℃	微波水热时间/min
1	120	60
2	150	60
3	180	60
4	200	60
5	200	40
6	200	80
7	200	100
8	200	120

(c)添加 B_4C 硼酸反应体系($B_4C-H_3BO_3$)(填充比为60%)

序　号	B_4C 含量/(%)	微波水热温度/℃	微波水热时间/min
0	0	0	0
1	3	200	60
2	6	200	60
3	9	200	60
4	12	200	60

(d)添加 Al_2O_3 和 B_4C 磷酸反应体系($Al_2O_3-B_4C-H_3PO_4$)

(Al_2O_3 含量为10%,B_4C 含量为9%,填充比为60%)

序　号	微波水热温度/℃	微波水热时间/min
0	0	0
1	200	60
2	200	80
3	200	100
4	200	120

8.4　结构表征方法及氧化性能测试

8.4.1　结构表征

(1)X 射线衍射分析。具体分析方法及仪器见 3.3.1 节。

(2)显微结构及能谱分析。具体分析方法及仪器见 3.3.1 节。

(3)X 射线光电子能谱。具体分析方法及仪器见 4.3.1 节。

（4）热重-差热分析。具体分析方法及仪器见 5.3.1 节。在氩气气氛下从室温升到 1 400 ℃，升温速率为 10 ℃/min。

（5）密度和显气孔率测试。具体测试方法见 5.3.1 节。

8.4.2　氧化测试分析

氧化测试分析原理见 3.3.2 节。

8.5　H_3PO_4 体系微波水热改性 C/C 复合材料工艺因素研究及表征

8.5.1　微波水热反应温度对改性 C/C 复合材料的影响

（1）改性试样表面 XRD 物相分析。图 8-3 是不同微波水热温度改性的 C/C 复合材料试样表面 XRD 图谱。从图中可以看出，在一定时间内经过不同微波水热温度的磷酸改性处理，试样表面均有 HPO_3 物质生成。但衍射峰较弱，说明其结晶程度较差。其中水热处理温度为 180 ℃ 时较 150 ℃ 时试样表面生成的 HPO_3 相衍射峰强，然而随着温度继续升高到 210 ℃，HPO_3 相的衍射峰强度逐渐降低。这可能是因为温度升高，HPO_3 晶体的晶粒部分熔融，导致晶粒尺寸变小，抑或 HPO_3 晶体结晶面数量的减少，从而导致衍射峰减弱。

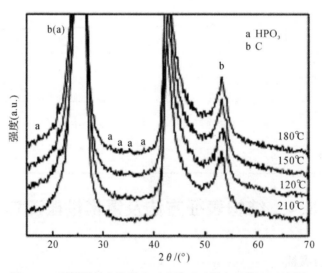

图 8-3　不同微波水热温度下改性后试样表面的 XRD 图谱

（2）改性试样表面的显微结构。图 8-4 是试样在不同温度下微波水热处理 4h 后表面 SEM 图片及 EDS 能谱分析。从图中可以看出，当水热温度为 120 ℃ 时，改性后的试样表面被一层薄物质覆盖,随着温度升高至 150 ℃,表面的薄物质分散得更均匀,试样表面小的孔隙已被填充,但仍存在大的缺陷。改性温度升至 180 ℃时,表面孔隙和裂纹等缺陷明显减少,至 210 ℃时,试样表面被一层物质完全填充。根据 EDS 能谱分析(见图 8-4 (e)(f))可知,表面物质主要由 C,O 和 P 元素组成,根据 XRD 和第 4,5 章[85]的研究结果,表层物质应该为 HPO_3,其形成可能是在微波水热条件下发生了如下反应:

$$H_3PO_4 \xrightarrow[120\sim210\ ℃]{微波水热} HPO_3 + H_2O \qquad (8-1)$$

由图 8-4(e)(f)还可以发现,在碳纤维与碳基体界面结合处,P 和 O 元素的含量较高,说明在微波水热条件下,HPO_3 主要集中在纤维与基体界面的孔隙处,这有利于材料抗氧化性能的提高。

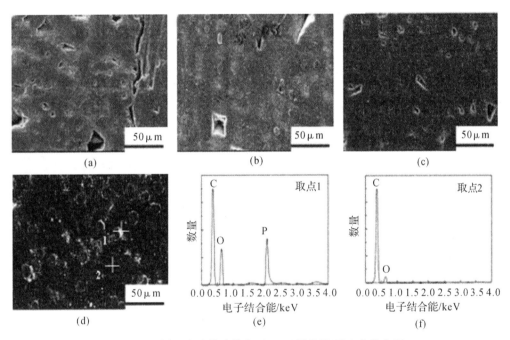

图 8-4 不同温度改性试样表面 SEM 图片及 EDS 能谱分析
(a)120 ℃;(b)150 ℃;(c)180 ℃;(d)210 ℃;
(e)(f)为(d)取点 1 和 2 的 EDS 分析

(3)温度对改性试样抗氧化性能的影响。图 8-5 是改性试样在 700 ℃的等温氧化曲线。从图中可以看出,未经过改性的 C/C 复合材料氧化失重与氧化时间呈线性关系,在 700 ℃的空气气氛中经过 10 h 氧化后,其氧化失重率为 44.96%。经过微波水热改性后材料的抗氧化性能明显提高,且在研究的水热改性温度范围内(120~210 ℃),随着温度的升高,抗氧化性能逐渐提高。这是由于温度升高,水热釜中的压力也会随之增大,在相对高的温度和压力作用下,HPO_3 物质渗透到试样内部空隙的量会增多,浸渍效果好,进而抗氧化性能改善。在 210 ℃水热改性处理 4 h 的 C/C 复合材料在 700 ℃空气气氛中氧化 10 h 后的失重率为 9.47%,相对未改性的 C/C 复合材料抗氧化效果增加了 4 倍。

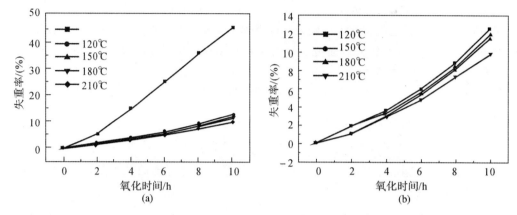

图 8-5　不同水热温度下改性 C/C 试样在 700 ℃的等温氧化失重曲线

(a)改性前；　(b)改性后

8.5.2　微波水热处理时间对改性 C/C 复合材料的影响

图 8-6 为试样在 180 ℃温度下不同时间微波水热改性处理的 C/C 复合材料 700 ℃ 氧化后表面 SEM 图片。从图中可以看出，水热处理时间对 C/C 复合材料的抗氧化性能 有很大影响。图 8-7 为试样在 180 ℃温度下不同时间水热改性处理的 C/C 复合材料在 700 ℃的等温氧化曲线。结合图 8-6 和图 8-7 可以看出，水热处理时间对 C/C 复合材 料抗氧化性能的影响可以划为两个阶段：水热处理时间较短时，即 3 h 之内，试样氧化失 重速率较大，试样氧化后表面出现较明显的氧化孔隙(见图 8-6(a)(b)(c))，且随着水热 处理时间的减少，此现象越来越明显，即抗氧化性能下降。这是由于水热处理时间较短 时，在温度和压力作用下渗透到试样内部的 HPO_3 量较少，只能填充 C/C 复合材料的表 面和内部的部分空隙。继续增加水热处理时间(3—5 h)，将会有更多的 HPO_3 渗透到试 样内部。与此同时，有部分转化为玻璃态均匀地分散在 C/C 复合材料表面，这为氧气进 入材料内部起到屏障作用，试样抗氧化性能得到明显好转。由图 8-6(d)(e)可以看出， 试样表面的氧化孔隙和缺陷明显减少，氧化程度也明显降低。

由图 8-7 可知，4 h 或 5 h 水热处理试样的抗氧化性能差别不大，这可能是由微波水 热自身特点造成的。微波水热是利用极性分子的物质会吸收微波而加热的，如水、酸等。 它们的分子具有永久偶极矩(即分子的正负电荷的中心不重合)，极性分子在微波场中随 着微波的频率而快速变换取向，来回转动，与周围分子相互碰撞摩擦，使分子间相互碰撞 摩擦，吸收了微波的能量而使温度升高。同时，溶液中的带电粒子(离子、水合离子等)在 交变的电磁场中，受电场力的作用而来回迁移运动，也会与邻近分子撞击，使得试样温度 升高。正是这种极性分子和带电粒子在交变的电磁场中的来回相互碰撞摩擦的迁移运动 导致了 C/C 复合材料表面及内部的 HPO_3 物质不断地渗透与脱附，这是一个可逆的过 程。水热处理 4 h 后，HPO_3 物质在试样表面及内部孔隙中的渗透达到饱和，此可逆过程 也达到基本的平衡。在渗透达到饱和的基础上，继续延长水热时间，对 C/C 复合材料的 抗氧化性能改变不大，即水热处理 4 h 或 5 h，对材料的抗氧化性能差别不大。

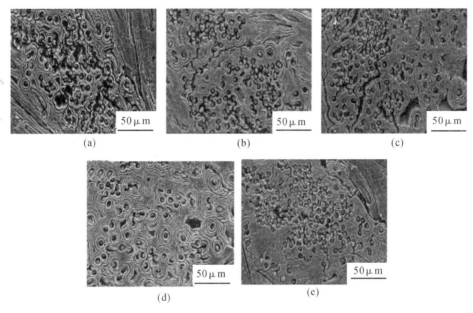

图 8-6 不同时间微波水热改性处理的 C/C 复合材料在 700 ℃氧化后表面 SEM 图片
(a)1 h；(b)2 h；(c)3 h；(d)4 h；(e)5 h

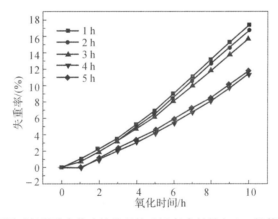

图 8-7 不同时间微波水热改性处理的 C/C 复合材料在 700 ℃等温氧化曲线

8.5.3 小结

微波水热改性技术是提高 C/C 复合材料抗氧化性能的一种有效途径。C/C 复合材料经过以磷酸为介质的微波水热改性后，其抗氧化性能得到明显改善。经过微波水热改性的 C/C 复合材料表面和缺陷被一层 HPO_3 所覆盖与填充，且 HPO_3 更集中于基体与纤维的界面结合处。在 120～210 ℃的水热改性范围内，随着温度的升高，C/C 复合材料的抗氧化性能逐渐提高；在 1—5 h 的水热处理范围内，4 h 水热处理后材料的抗氧化性能最佳。C/C 复合材料在 210 ℃，4 h 微波水热处理后，在 700 ℃的空气气氛中氧化 10 h 后失重率为 9.47%,相对未改性的 C/C 复合材料抗氧化效果增加了 4 倍。

8.6 $Al_2O_3 - H_3PO_4$ 体系微波水热改性 C/C 复合材料 工艺因素研究及表征

8.6.1 微波水热反应温度对改性 C/C 复合材料的影响

(1)温度对复合材料物相及微观形貌的影响。图 8-8 是不同微波水热温度处理的复合材料表面 XRD 图谱。从图中可以明显看到,经过微波水热处理后,XRD 图谱中只出现了 $Al(PO_3)_3$ 相的特征衍射峰。$Al(PO_3)_3$ 晶相的生成可能是在微波水热过程中发生了如下反应:

$$6H_3PO_4 + Al_2O_3 \xrightarrow[\text{后处理}]{\text{微波水热}} 2Al(PO_3)_3 + 9H_2O \qquad (8-2)$$

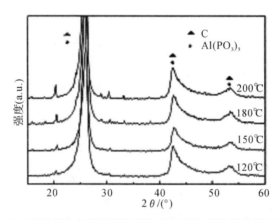

图 8-8   不同微波水热温度处理的 C/C 复合材料表面 XRD 图谱

另外,根据 XRD 图谱可知,这些 $Al(PO_3)_3$ 晶体属于立方晶系($a=b=c=13.729$ Å),且 $Al(PO_3)_3$ 相的衍射峰强度随着微波水热处理温度的升高而明显增强,说明微波水热温度的升高有利于 $Al(PO_3)_3$ 的结晶。

图 8-9 显示了不同水热温度改性试样表面的 SEM 形貌及 EDS 能谱分析,C/C 复合材料基体的缺陷,如微孔、微裂纹等(见图 8-9(a)),被一层连续的涂层完全覆盖,在连续涂层的表面,有一些白色晶体分布其中。根据 EDS 能谱分析得知(见图 8-9(f)(g)),这层连续涂层是由 C,O 和 P 元素组成的,而晶体是由 O,Al 和 P 元素组成的。C 元素来源于 C/C 基质。结合图 8-8 的 XRD 分析结果,可以推知这层连续涂层可能是 H_3PO_4 或 HPO_3 熔融态,晶体为 $Al(PO_3)_3$,它们都是保护 C/C 复合材料的有效抑制剂。经过 120 ℃的微波水热处理,形成的晶体尺寸只有 $2\mu m$,随着微波水热温度升至 150 ℃,晶粒数量明显增多(见图 8-9(c))。当微波水热温度从 150 ℃连续增加到 180 ℃时,晶粒尺寸相应

地从 $2\mu m$ 增大到 $10\mu m$，即温度升高有利于 $Al(PO_3)_3$ 晶体的结晶，这与 XRD(见图 8-8) 的分析结果一致。当微波水热温度继续增加到 $200\ ℃$ 时，改性试样表面的 $Al(PO_3)_3$ 晶体聚集成环状结构(见图 8-9(e))，且晶粒尺寸增大到 $12\mu m$ 时，这种由 $Al(PO_3)_3$ 晶体聚集成的环状结构可能有助于提高复合材料的抗氧化性能。

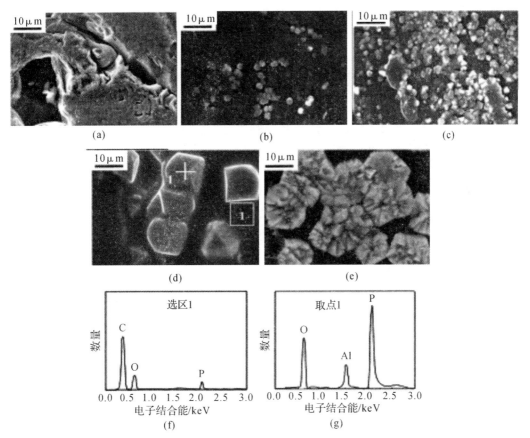

图 8-9 不同水热温度改性试样表面的 SEM 图谱及 EDS 能谱分析

(a)未处理；(b)120 ℃；(c)150 ℃；(d)180 ℃；(e)200 ℃；(f)为(d)选区 EDS 分析；
(g)为(d)取点 EDS 分析

图 8-10 为复合材料氧化前断面 SEM 图片及 EDS 能谱分析，可以发现，在疏松的 C/C 基质断面存在许多微孔洞(见图 8-10(a))，而经过微波水热处理之后的 C/C 基质断面被一层相对连续的涂层覆盖(见图 8-10(b))。根据 EDS 能谱分析(见图 8-10(c))，填充微孔洞的这些物质主要由 Al，P 和 O 元素组成。结合 XRD 分析(见图 8-8)，可以推知，微孔洞被 $Al(PO_3)_3$ 晶体和 H_3PO_4 或 HPO_3 熔融态填充，它们能够阻止氧气向复合材料内部扩散，从而改善复合材料的抗氧化性能。

(2)改性后复合材料的抗氧化性能。图 8-11 为不同水热温度改性后 C/C 复合材料在 700 ℃空气中的等温氧化曲线，可以看出，经过 200 ℃微波水热处理的复合材料在空气中氧化 10 h 后单位面积失重量为 18.5 mg/cm^2，相比未处理的试样(相应的单位面积失重量为 208.9 mg/cm²)复合材料的抗氧化性能明显改善。表 8-4 为改性复合材料在不同氧化温度下氧化 10 h 后的失重对比,未处理的复合材料和 120 ℃,150 ℃,180 ℃,200 ℃水热改性后复合材料在 600 ℃的空气气氛中单位面积失重量分别为 209 mg/cm², 38 mg/cm², 34 mg/cm², 27 mg/cm² 和 18 mg/cm²。然而,未处理的复合材料和 120 ℃,150 ℃,180 ℃,200 ℃水热改性后复合材料在 700 ℃的空气气氛中氧化失重分别为 363 mg/cm², 30 mg/cm², 25 mg/cm², 17 mg/cm² 和 11 mg/cm²。可见,经过相同的微波水热处理,改性后复合材料在 700 ℃空气气氛中的氧化失重明显低于 600 ℃,这可能是由于 $Al(PO_3)_3$ 晶体在 700 ℃左右发生了结构转变,这种结构将有助于提高复合材料的抗氧化性能。

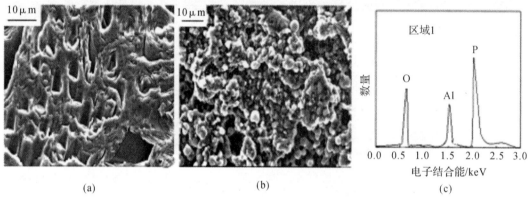

图 8-10 C/C 复合材料氧化前断面 SEM 图片及 EDS 能谱分析
(a)未处理;(b)改性后;(c)为(b)选区 EDS 分析

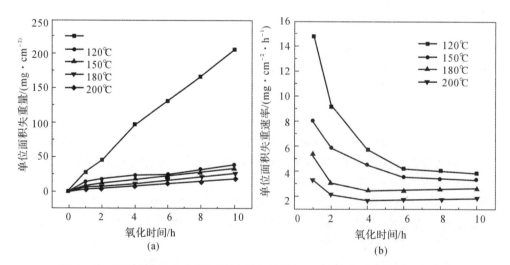

图 8-11 不同水热温度改性后 C/C 复合材料在 700 ℃空气中的等温氧化曲线

表 8-4　改性复合材料在不同氧化温度下氧化 10 h 后的失重对比

微波水热温度/℃	试样经 600 ℃,10 h 氧化后的失重量 $mg \cdot cm^{-2}$	试样经 700 ℃,10 h 氧化后的失重量 $mg \cdot cm^{-2}$
未处理	209	363
120	38	30
150	34	25
180	27	17
200	18	11

这种假设可以由图 8-12 所示的 TG-DSC 结果证实,TG-DSC 结果显示在温度升至 736.2 ℃左右时出现一个大而宽的放热峰,这与 $Al(PO_3)_3$ 晶体的结构转变温度 700~800 ℃吻合[81]。因此,这与 $Al(PO_3)_3$ 晶体在 700 ℃左右发生了结构转变相一致。图 8-13 为 $Al(PO_3)_3$ 晶体的结构转变示意图,在 700 ℃左右,$Al(PO_3)_3$ 晶体由链状结构转变为环状结构。$Al(PO_3)_3$ 环状结构的形成有利于结晶质层的分散,从而改善复合材料的抗氧化性能。另外,在 107 ℃和 1 260.1 ℃左右分别出现了吸热峰,前者的吸热峰可能是由微波水热处理后涂层中的结构水分解所致,后者的吸热峰则由 $Al(PO_3)_3$ 向 $AlPO_4$ 结构转变导致,即

$$Al(PO_3)_3 \longrightarrow AlPO_4 + P_2O_5(g) \tag{8-3}$$

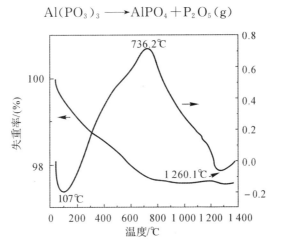

图 8-12　200 ℃,60 min 水热改性后未经过热处理试样的 TG-DSC 曲线

图 8-14 为试样经过 TG-DSC 测试后的 XRD 图谱,在复合材料的表面测到 $Al(PO_3)_3$ 和 $AlPO_4$ 的特征衍射峰,这与式(8-3)是完全吻合的。相应地,由于 P_2O_5 的释放和挥发(见式(8-3)),复合材料的在 1 260.1 ℃左右表现为轻微的失重。在 Ar 气氛中从室温升至 1 400 ℃,复合材料总的失重率为 2.41%。

图 8-15 为经 200 ℃水热改性的复合材料在 700 ℃的空气气氛中氧化 10 h 后的断面图片及 XRD 图谱。可以看出,基质的部分缺陷仍然被一些氧化抑制剂覆盖,XRD 结果分析证实这些氧化抑制剂粒子为 $Al(PO_3)_3$ 晶体,即在 700 ℃的空气气氛中氧化 10 h 后,氧化抑制

剂的组成并没有发生改变。此时,可以看到 $Al(PO_3)_3$ 晶体层不再连续,这可能是由氧化抑制剂在长时间的高温下挥发所致,相应地导致 C/C 基质部分表面氧化(见图8-15(a))。

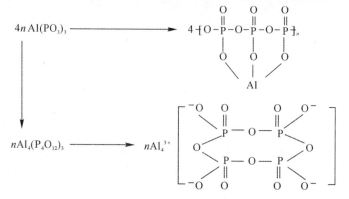

图 8-13　$Al(PO_3)_3$ 晶体结构转变示意图

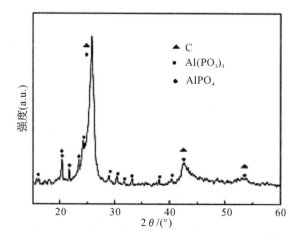

图 8-14　试样经过 TG-DSC 测试后的 XRD 图谱

(a)

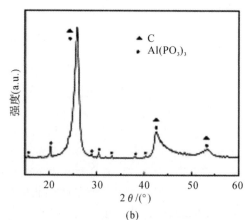

(b)

图 8-15　改性后 C/C 复合材料在 700 ℃ 的空气气氛中氧化 10 h 后的断面形貌及 XRD 图谱

(a)横截面微观结构;b 为(a)表面 XRD 分析

同时随着微波水热温度的升高,复合材料的氧化明显减少(见图 8 - 11(a))。这是由于随着微波水热温度的升高,$Al(PO_3)_3$晶体环状结构的形成将造成致相对紧密的外涂层(见图 8 - 9(e)),从而改善了复合材料的抗氧化性能。另外,在相对高的温度下,压力也会相应增大,在高压下,更有利于氧化抑制剂渗透复合材料内部。这与改性后复合材料氧化速率随着水热温度的升高而减少相符合(见图 8 - 11(b))。经过 6 h 氧化后,氧化速率逐渐趋于一常数,可能是随着氧化时间的延长,$Al(PO_3)_3$将会出现部分熔融,将在复合材料的暴露表面形成一层连续的钝化膜,从而阻挡氧气的扩散,复合材料的氧化速率显著降低。

8.6.2 微波水热处理时间对改性 C/C 复合材料的影响

(1)微波水热处理时间对复合材料物相及微观形貌的影响。图 8 - 16 是不同微波水热时间处理的 C/C 复合材料试样表面 XRD 图谱。从图中可以看出,经过微波水热处理后,XRD 图谱中只出现了 $Al(PO_3)_3$ 相的特征衍射峰,$Al(PO_3)_3$ 晶相的生成可能是在微波水热过程中发生了如下反应所导致的,即

$$H_3PO_4 \xrightarrow{200\ ℃微波水热} HPO_3 + H_2O \tag{8-4}$$

$$6HPO_3 + Al_2O_3 \xrightarrow{200\ ℃微波水热} 2Al(PO_3)_3 + 3H_2O \tag{8-5}$$

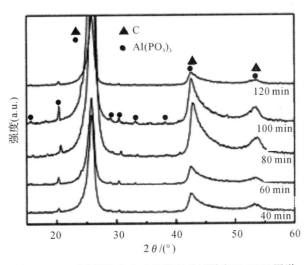

图 8 - 16　不同微波水热时间处理的试样表面 XRD 图谱

此外,随着微波水热处理时间从 40 min 连续延长至 100 min,$Al(PO_3)_3$相的衍射峰强度逐渐增强,继续延长反应时间至 120 min,衍射峰的强度减弱。这说明微波水热处理 100 min 时有利于晶体的结晶,继续延长反应时间则导致晶体的部分熔融。

图 8 - 17 是不同时间微波水热改性处理的 C/C 复合材料表面 SEM 图片和 EDS 能谱分析。可以看出,改性后复合材料表面被一层连续的玻璃层覆盖,并且有一些白色的,有规则的晶体分布其中。根据 EDS 能谱分析得知(见图 8 - 17(f)(g)),这层连续玻璃层

由 C,O 和 P 元素组成,而晶体由 O,Al 和 P 元素组成。C 元素来源于 C/C 基体。图 8-16 的 XRD 图谱显示 $Al(PO_3)_3$ 是主要的晶相,可以推知这层连续玻璃层可能是 H_3PO_4 或 HPO_3,并有白色晶体 $Al(PO_3)_3$ 分布其中。此外,随着微波水热处理时间从 40 min 增加到 100 min,基质表面的 $Al(PO_3)_3$ 晶体逐渐长大,继续延长反应时间至 120 min,部分 $Al(PO_3)_3$ 晶体逐渐熔融,这与图 8-16 的 XRD 结果相吻合。由 $Al(PO_3)_3$ 晶体分布其中的连续玻璃层为氧气进入复合材料内部扩散提供了一层屏障,从而提高了材料的抗氧化性能。

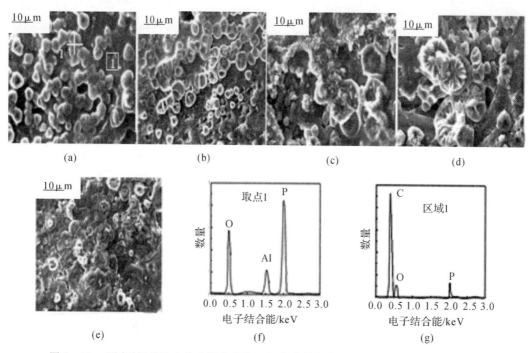

图 8-17　不同时间微波水热改性处理的 C/C 复合材料表面 SEM 图片和 EDS 能谱分析
(a)40 min;(b)60 min;(c)80 min;(d)100 min;(e)120 min;(f)(g)为(a)取点 1 和区域 1EDS 分析

图 8-18 是改性后 C/C 复合材料断面形貌及 XRD 图谱,可以得出,改性后的复合材料内部也产生了 $Al(PO_3)_3$ 物相,且基质内部的微裂纹及孔隙等缺陷被 $Al(PO_3)_3$ 粒子填充(见图 8-18(b))。即微波水热过程可以使产生的氧化抑制剂渗透到基质内部并降低它的开气孔率。因此它们能够覆盖材料内部的氧化活性点,阻挡氧气的扩散,提高材料的抗氧化性能。

(2)氧化测试。图 8-19 为不同水热处理时间改性试样在 600 ℃的等温氧化曲线。与未处理的试样相比,改性后复合材料的抗氧化性能显著提高(见图 8-19(a))。在 600 ℃的空气气氛中氧化 10 h 后,未处理的试样失重率达到 20.9%,而经过 100 min 微波水热处理的试样失重率仅为 1.3%,抗氧化性能均提高了 16 倍。这说明微波水热处理能有效地提高复合材料在低温阶段的抗氧化性能,深入到内部的 $Al(PO_3)_3$ 粒子及由无定形

H_3PO_4或 HPO_3 和 $Al(PO_3)_3$ 晶体组成的外涂层在整个氧化过程中起了非常重要的作用。

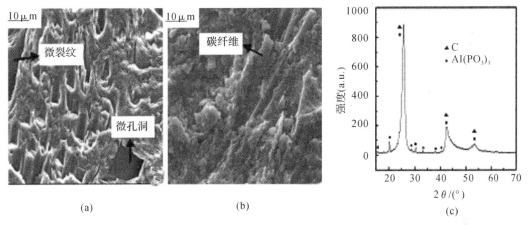

图 8-18 改性后 C/C 复合材料断面图片及 XRD 图谱
(a)未处理;b 改性后;(c)为(b)表面 XRD 分析

如图 8-19(b)所示为不同时间水热改性后复合材料的抗氧化性能,随着水热处理时间从 40 min 延长至 100 min,试样的抗氧化性能逐渐提高,继续延长水热处理时间至 120 min,材料的抗氧化性能提高不明显,这是由于微波水热自身利用极性分子和带电粒子在交变的电磁场中的来回相互碰撞摩擦的迁移运动导致了 C/C 复合材料表面及内部的氧化抑制剂不断地渗透与脱附,这是一个可逆的过程。水热处理 100 min 后,H_3PO_4 或 HPO_3 和 $Al(PO_3)_3$ 物质在试样表面及内部孔隙中的渗透达到饱和,此可逆过程也达到基本的平衡。在渗透达到饱和的基础上,继续延长水热时间,对 C/C 复合材料的抗氧化性能改变不大,即水热处理 120 min 后,对材料的抗氧化性能差别不大。

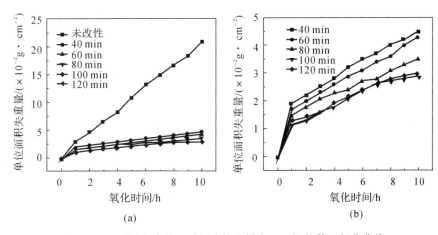

图 8-19 不同水热处理时间改性试样在 600 ℃的等温氧化曲线

8.6.3 小结

这种新颖的微波水热处理方法是改善 C/C 复合材料的低温阶段抗氧化性能的有效途径。在 H_3PO_4 中添加 Al_2O_3 粉体微波水热改性后复合材料表面覆盖了一层涂层,该涂层由玻璃态的 H_3PO_4 或 HPO_3 和有规则的白色立方晶系 $Al(PO_3)_3$ 组成。它们都是有效的氧化抑制剂,在复合材料抗氧化过程中起着非常重要的作用。在 $120\sim200$ ℃,60 min 的水热处理范围内,随着温度的升高,$Al(PO_3)_3$ 晶粒尺寸从 $2\mu m$ 增大到 $12\mu m$,相应地,复合材料的抗氧化性能逐渐改善。在 600 ℃的空气气氛中随着氧化时间的延长,氧化速率逐渐降低,氧化 6 h 后氧化速率趋于稳定。同时,在 700 ℃左右生成的环状 $Al(PO_3)_3$ 结构更有利于提高复合材料的抗氧化性能。经 200 ℃,60 min 的水热改性后,复合材料在 700 ℃的空气气氛中氧化 10 h 后的氧化失重仅为 $11mg/cm^2$,明显低于未处理试样的单位面积失重量 $363mg/cm^2$。在 200 ℃,$40\sim120$ min 的水热处理范围内,经过 100 min 处理的试样抗氧化性能达到最佳,在 600 ℃的空气气氛中氧化 10 h 后的氧化失重率仅为 1.3%,相对未改性的试样抗氧化性能约提高了 16 倍。

参 考 文 献

[1] 杨海峰,王惠,冉新权.C/C复合材料的高温抗氧化研究进展[J].炭素技术,2000
     (6):22-28.

[2] 李贺军,曾燮榕,朱小旗,等.C/C复合材料抗氧化研究[J].炭素,1999(3):4.

[3] 黄剑锋,李贺军,熊信柏,等.碳/碳复合材料高温抗氧化涂层的研究进展[J].新型炭
     材料,2005,20(4):373-379.

[4] 郭海明.C/C复合材料防氧化复合涂层的制备及其性能[J].宇航材料工艺,1998
     (5):37-40.

[5] FU Q G,LI H J,SHI X H,et al.Double-layer oxidation protective SiC/glass
     coatings for carbon/carbon composites[J].Surface & Coatings Technology,2006
     (200):3473-3477.

[6] FU Q G,LI H J,SHI X H,et al.Silicon carbide coating to protect carbon/carbon
     composites against oxidation[J].Scripta Materialia,2005(52):923-927.

[7] 方勋华,易茂中,黄启忠,等.一种中温碳/碳复合材料抗氧化涂层的制备及其性能
     [J].炭素,2004(3):17-20.

[8] 张中伟,王俊山,许正辉,等.C/C复合材料1 800 ℃抗氧化涂层探索研究[J].宇航
     材料工艺,2005(2):42-46.

[9] HUANG J F,LI H J,ZENG X R,et al.Preparation and oxidation kinetics mechanism of
     three-layer multi-layer-coatings-coated carbon/carbon composites[J].Surface &
     Coatings Technology,2006(200):5379-5385.

[10] HUANG J F,LI H J,ZENG X R,et al.A new SiC/yttrium silicate/glass multi-
      layer oxidation protective coating for carbon/carbon composites[J].Carbon,2004
      (42):2329-2366.

[11] HUANG J F,LI H J,ZENG X R,et al.Oxidation resistance yttrium silicates
      coating for carbon/carbon composites prepared by a novel in-situ formation
      method[J].Ceramics International,2006(32):417-421.

[12] 来忠红,朱景川,全在昊,等.C/C复合材料Mo-Si-N抗氧化涂层的制备[J].稀
      有金属材料与工程,2005,34(11):1794-1797.

[13] HUANG J F,ZENG X R,LI H J,et al.Al_2O_3-mullite-SiC-Al_4SiC_4 multi-composition
      coating for carbon/carbon composites[J].Materials Letters,2004(58):2627-2630.

[14] HUANG J F,ZENG X R,LI H J,et al.Mullite-Al_2O_3-SiC oxidation protective
      coating for carbon/carbon composites[J].Carbon,2003(41):2825-2829.

[15] HUANG J F,LI H J,ZENG X R,et al.Influence of preparation technology on
      the microstructure and anti-oxidation property of SiC-Al_2O_3-mullite multi-

coatings for carbon/carbon composites[J]. Applied Surface Science, 2006(252):
4244 - 4249.

[16] HUANG J F, ZENG X R, LI H J, et al. Oxidation behavior of SiC-Al$_2$O$_3$-mullite
multi - coating coated carbon/carbon composites at high temperature[J]. Carbon,
2005, 43(7):1580 - 1583.

[17] FU Q G, LI H J, SHI X H, et al. Microstructure and anti - oxidation property of
CrSi$_2$ - SiC coating for carbon/carbon composites. Applied Surface Science, 2006,
252(10):3475 - 3480.

[18] HUANG J F, ZENG X R, LI H J, et al. ZrO$_2$-SiO$_2$ gradient multilayer oxidation
protective coating for SiC coated carbon/carbon composites [J]. Surface &
Coatings Technology, 2005(190):255 - 259.

[19] HUANG J F, ZENG X R, LI H J, et al. Yttrium silicate oxidation protective coating for
SiC coated carbon/carbon composites[J]. Ceramics International, 2006, 32:417 - 421.

[20] HUANG J F, ZENG X R, LI H J, et al. SiC/yttrium silicate multi - layer coating
for oxidation protection of carbon/carbon composites [J]. Journal of Material
Science, 2004, 39:7383 - 7385.

[21] FU Q G, LI H J, LI K Z, et al. SiC whisker - toughened MoSi$_2$-SiC-Si coating to
protect carbon/carbon composites against oxidation[J]. Carbon, 2006, 44:1845 -
1869.

[22] LI H J, FU Q G, SHI X H, et al. SiC whisker - toughened SiC oxidation protective
coating for carbon/carbon composites[J]. Carbon, 2006, 44:602 - 605.

[23] FU Q G, LI H J, SHI X H, et al. Microstructure and growth mechanism of SiC
whiskers on carbon/carbon composites prepared by CVD[J]. Materials Letters, 2005,
59:2593 - 2597.

[24] LI H J, FENG T, FU Q G, et at. Oxidation and erosion resistance of MoSi$_2$ -
CrSi$_2$ - Si/SiC coated C/C composites in static and aerodynamic oxidation
environment[J]. Carbon, 2010(48):1636 - 1642.

[25] LOBIONDO N E, JONES L E, CLARE A G. Halogenated glass system for the
protection of structural carbon/carbon composites [J]. Carbon, 1995, 33 (4):
499 - 503.

[26] GUO W M, XIAO H N, YASUDA E, et al. Oxidation kinetics and mechanisms of a
2D - C/C composite[J]. Carbon, 2006, 44(15):3269 - 3276.

[27] 曾志安, 崔红, 李瑞珍. C/C复合材料高温抗氧化研究进展[J]. 炭素, 2006,
(1):12 - 16.

[28] KELLER T M. Oxidative protection of carbon fibers with poly (carborane -
siloxane - acetylene) [J]. Carbon, 2002, 40(3):225 - 229.

[29] SUZUKI Y, INOUE Y, IZAWA J, et al. Microstructural change of pitch derived

carbon matrix in C/C composite by zone treatment on carbon fiber[J]. Carbon, 1996, 34(5):689.

[30] JIN Z, ZHANG Z Q, MENG L H, et a1. Effects of ozone method treating carbon fibers on mechanical properties of carbon/carbon composites[J]. Materials Chemistry and Physics, 2006, 97(1):167 - 172.

[31] ZAYAT M, DAVIDOV D, SELIG H, et a1. Fluorination of carbon fibers by halogen fluorides[J]. Carbon, 1994, 32(3):485 - 491.

[32] HO C T,CHUNG D D L. Inhibition of the oxidation of carbon - carbon composites by bromination[J]. Carbon, 1990, 28(6):815 - 824.

[33] SOGABE T, OKADA O, KURODA K, et a1. Improvement in properties and air oxidation resistance of carbon materials by boron oxide impregnation[J]. Carbon, 1997, 35(1):67 - 72.

[34] LU W M, CHUNG D D L. Oxidation protection of carbon materials by acid phosphate impregnation[J]. Carbon, 2002, 40(8):1249 - 1254.

[35] 刘重德,邵泽钦,陆玉峻,等. 抗氧化浸渍炭-石墨材料的研究及性能分析[J]. 炭素技术,2000(1):15 - 17.

[36] 易茂中,葛毅成. 预浸涂对航空刹车副用 C/C 复合材料抗氧化涂层性能的影响[J]. 中国有色金属,2001,12(2):260 - 263.

[37] MCKEE D W. Borate treatment of carbon fibers and carbon/carbon composites for improved oxidation resistance[J]. Carbon, 1986, 24(6):737 - 741.

[38] STEINBRÜCK M. Oxidation of boron carbide at high temperatures[J]. Journal of Nuclear Materials, 2005, 336(2 - 3):185 - 193.

[39] LI Y Q, QIU T. Oxidation behavior of boron carbide powder[J]. Materials Science and Engineering A, 2007, 444(1 - 2):184 - 191.

[40] 刘其城,周声励,徐协文,等. 无黏结剂碳/陶复合材料的抗氧化机理[J]. 化学学报,2002,53(11):1188 - 1192.

[41] FAN Z J, SONG Y Z. Oxidation behavior of fine - grained SiC - B_4C/C composites up to 1 400℃[J]. Carbon, 2003, 41(3):429 - 436.

[42] DACIC B, MARINKOVIC S. Kinetics of air oxidation of unidirectional carbon fibres/CAD carbon composites[J]. Carbon, 1987, 25(3):409 - 415.

[43] 储双杰,乔生儒,杨峥,等. 碳/碳复合材料的氧化与防护[J]. 材料工程,1992,(5):43 - 46.

[44] 王道岭,汤素芳,等. 熔融硅液相浸渍法制备 C/C - SiC 复合材料[J]. 材料研究学报,2007,21(2):135 - 139.

[45] LAMOUROUX F, BOURRAT X, NASLAIN R. Silicon carbide infiltration of prous C - C conposites for improving oxidation resistance[J]. Carbon, 1995, 33 (5):525 - 535.

[46]   黄剑锋,王妮娜,曹丽云.一种 C/C 复合材料溶剂热改性方法:CN200710018031
        [P].2007－12－05.

[47]   黄剑锋,李贺军,曹丽云,等.一种超声水热电沉积制备涂层或薄膜的方法及其装
        置:CN200510096087[P].2006－05－03.

[48]   张守阳,李贺军,孙乐民,等.气相沉积制备 C/C 复合材料微观组织分析[J].机械
        科学与技术,2000,19(3):456－465.

[49]   宋永忠,史景利,朗冬生,等.碳/碳复合材料浸渍-炭化工艺的研究[J].炭素技术,
        2000,108:18－21.

[50]   JEFFREY W F,WAYNE L W. Silicon-carbied/boron-containing coatings for the
        oxidation protection of graphite[J].Carbon,1995,33(4):537－543.

[51]   朱佳,黄剑锋,曹丽云,等.溶剂热浸渍时间对 C/C 复合材料抗氧化性能的影响
        [J].功能材料,2012,1(43):116－119.

[52]   SHEEHAN J E. Oxidation protection for carbon fiber composites[J]. Carbon,
        1989,27(5):709－715.

[53]   CHRISTOPHER R M, JONES L E. The influence of aluminum phosphates on
        graphite oxidation[J]. Carbon, 2005, 43(11):2272－2276.

[54]   ZENG G S, XIE G, YANG D J, et al. Oxidation resistivity of boride coating of
        graphite anode sample [J]. Materials Chemistry and Physics, 2006,
        95:183－187.

[55]   HU Z B, LI H J, FU Q G, et al. Fabrication and tribological properties of B_2O_3
        as friction reducing coatings for carbon/carbon composites[J]. New Carbon
        Materials, 2007, 22(2):131－134.

[56]   王妮娜,黄剑锋,曹丽云,等.硅溶胶水热处理及添加 B_2O_3 微粉改性 C/C 复合材料
        的抗氧化性能[J].硅酸盐学报,2008,36(11):73－77.

[57]   JOSHI A, LEE J S. Coating with Particulate Dispersion for High Temperature
        Oxidation Protection of Carbon and C/C Composites[J]. Composites,1997,28
        (2):181－189.

[58]   CHANG H W, RUSNAK R M. Oxidation behavior of carbon－carbon composites[J].
        Carbon, 1979, 17:407－410.

[59]   L R Y, CHENG J W, WANG T M. Oxidation behavior and protection of carbon/
        carbon composites prepared using rapid directional diffused CVI techniques [J].
        Carbon, 2002, 40(11):1965－1972.

[60]   WU X, RADOVIC L R. Ab Initio Molecular Orbital Study on the Electronic
        Structures and Reactivity of Boron－Substituted Carbon[J]. Jouranl of Physical
        Chemisty A, 2004, 108(42):9180－9187.

[61]   ENDO M, KIM C, KARAKI T, et al. Structural analysis of the B－doped
        mesophase pitch－based graphite fibers by Raman spectroscopy[J]. Physical

Review B，1998，58(14)：8991－8996.

[62] KALIJADIS A，JOVANOVIĆ Z，LAUŠEVIĆ M，et al. The effect of boron incorporation on the structure and properties of glassy carbon[J]. Carbon，2011，49(8)：2671－2678.

[63] WU X D，WANG Z X，CHEN L Q，et al. Carbon/B_2O_3 composite with higher capacity for lithium storage[J]. Solid State Ionics，2004，170(1－2)：117－121.

[64] SHEMET V Z，POMYTKIN A P，NESHPOR V S. High－temperature oxidation behaviour of carbon materials in air[J]. Carbon，1993，31(1)：1－6.

[65] DAČIC B，MARINKOVIĆ S. Kinetics of air oxidation of unidirectional carbon fibres/CVD carbon composites[J]. Carbon，1987，25(3)：409－415.

[66] XU Y D，CHENG L F. Oxidation behavior and mechanical properties of C/SiC composites with Si－$MoSi_2$ oxidation protection coating[J]. Journal of Material and Science，1999，34：6009－6014.

[67] 弭群,曹丽云,黄剑锋,等.微波水热时间对 C/C 复合材料结构和抗氧化性能的影响[J].无机化学学报,2011,27(3):457－462.

[68] HUANG J F，WANG N N，CAO L Y，et al. Oxidation behaviour of hydrothermal modified carbon/carbon composites[J]. Materials Research Innovations，2010，14(2)：150－153.

[69] 王妮娜,黄剑锋,曹丽云,等.反应温度对水热改性碳/碳复合材料抗氧化性能的影响[J].无机材料学报,2009,24(5):948－952.

[70] 吴桢干,顾明元,张国定.碳化硼的氧化特性研究[J].无机材料学报,1997,12(3):370－374.

[71] HUANG J F，ZENG X R，LI H J，et al. Oxidation behavior of SiC－Al_2O_3－mullite multi－coating coated carbon/carbon composites at high temperature[J]. Carbon，2005，43(7)：1580－1583.

[72] 王妮娜.C/C 复合材料抗氧化水热改性研究[D].西安:陕西科技大学,2009.

[73] HAN K H，ONO H，et al. Rate of oxidation of carbon fiber/carbon matrix composites with antioxidation treatment at high temperature[J]. Journal of the Electrochemical Society，1987，134(4)：1003－1009.

[74] 王正烈,周亚平,李松林,等.物理化学[M].北京:高等教育出版社,2006.

[75] ZHU J，HUANG J F，CAO L Y. Influence of the content of B_4C on microstructure and oxidation resistance of carbon/carbon composites modified by a sol－gel/solvothermal process[J]. Key Engineering Materials，2012，512(7)：757－760.

[76] 朱佳,黄剑锋,曹丽云,等.溶剂热浸渍时间对 C/C 复合材料抗氧化性能的影响[J].功能材料,2012,43(1):116－119.

[77] 李友芬,王德伟.ZrO_2－C－ZrB_2 复合材料的氧化动力学[J].复合材料学报,2009,26(1):103－107.

[78]　朱佳.硼化物改性碳/碳复合材料基体及其性能研究[D].西安:陕西科技大学,2012.

[79]　刘槟,易茂中,熊翔,等.C/C复合材料航空刹车副表面防氧化涂料的研制[J].中国有色金属学报,2000,10(6):864-867.

[80]　付前刚,李贺军,黄剑锋,等.碳/碳复合材料磷酸盐涂层的抗氧化性能研究[J].材料保护,2005,38(3):52-54.

[81]　王世驹,安宏艳.碳/碳复合材料氧化行为的研究[J].兵器材料科学与工程,1999,22(4):36-40.